U0176180

一杯咖啡

杜文倩 著

中国三峡出版传媒

中国三峡出版社

图书在版编目（CIP）数据

一杯咖啡 / 杜文倩著 . — 北京：中国三峡出版社，2022.1
ISBN 978-7-5206-0208-2

Ⅰ.①一… Ⅱ.①杜… Ⅲ.①咖啡－基本知识
Ⅳ.①TS273

中国版本图书馆 CIP 数据核字（2021）第 240572 号

责任编辑：于军琴

中国三峡出版社出版发行
（北京市通州区新华北街 156 号 101100）
电话：（010）57082645 57082577
http://media.ctg.com.cn

北京中科印刷有限公司印刷 新华书店经销
2022 年 1 月第 1 版 2022 年 1 月第 1 次印刷
开本：787 毫米 ×1092 毫米 1/32 印张：6
字数：109 千字
ISBN 978-7-5206-0208-2 定价：55.00 元

推荐序

我们之间的咖啡世界

大约二十几年前，大家习惯在繁忙的工作后用一杯咖啡来调节一下。但当时的咖啡并没有太多好的味道，人们不得已只能品尝糖和速溶咖啡粉末的结合物，当然也没有多少人在意其口感与品质。随着人们生活质量的提升，对于咖啡品质的追求越来越高，多年之后，人们的咖啡生活发生了很大变化，无数位热爱咖啡的人来到其中，造就了"精品咖啡"出现的繁荣景象。咖啡农、寻豆师、杯测师、贸易商、加工者、烘焙师、咖啡师前赴后继地为这个行业添砖加瓦，同时各种特色咖啡馆如雨后春笋般诞生。

时间久了，咖啡文化日新月异，传统商业咖啡馆与精品潮流咖啡馆形成鲜明的对比，这不仅是"浅烘"与"深烘"的对立，更是咖啡爱好者逐渐树立起的一种自我标准。对于咖啡理论的更高追求不应该是疏远咖啡馆客人们的理由，商业连锁的标准与可复制性是精品咖啡行业兴起的必经之路，精品咖啡对于出品的稳定与风味的把控也是商业模式需要坚持的原则之一，种种现象不应该是将热爱咖啡的人们束缚起来的框架。

感恩我们"之间"有这样一间不分你我的咖啡馆，每天除了与不同客人分享优秀品质的咖啡，还会不懈追求自我专业的提升，更换更稳定的咖啡机、学习更专业的理论，与不同行业的人士互相交流，等等。从中不难发现，原来一家做了很多年的咖啡馆已经渐渐地产生了他们自己的文化：咖啡给了我们力量，咖啡给了我们联结，咖啡给了我们生活，咖啡给了我们事业，咖啡给了我们幸福……

2020年全世界共同经历了一些艰难，每个人都有或多或少的改变，时间一点点在每个人心中留下不愿提起的记忆，还好"之间"的一杯咖啡一直陪着我们，渐渐复苏的生活与他们的香醇咖啡一起慢慢被萃取了出来。一本书需要一杯咖啡来陪伴，杜文倩做到了！

愿读这本书的人，都能看到咖啡的魅力，都能找到自己喜欢的那一杯咖啡！

咖啡的世界宽广辽阔，那幸福的味道告诉我们的，我们也想告诉每一个人！

杨晓欢 John
（星巴克中国咖啡公使、2019年
星巴克中国咖啡公使杯大赛冠军）

自 序

抱歉，我喝不了咖啡

　　"抱歉，我下午喝不了咖啡，只要喝了这杯咖啡，晚上肯定睡不着。"这句话是不是听着非常耳熟，有没有从你口中脱口而出过，或者是否经常听到身边的朋友这么说？那为什么有的人喝了咖啡照样睡得很香，似乎完全不受咖啡因的影响？其实，这与我们自身的代谢能力有关。只要摄入的咖啡因不超量，其在人体内的半衰期是3~4小时，代谢快的话，摄入的咖啡因很快就会被清除体外，反之则会较长时间存在于体内，导致大脑长时间兴奋，睡不着就成了一种必然结果。如果你的代谢较慢，建议睡前8~10小时以上喝咖啡，以免影响睡眠。

　　除了代谢的因素，可能还有一些别的原因。为什么有的人喝一杯咖啡会失眠到天亮，但是喝再多的茶和可乐都能安然入睡呢？这种不同也可能是心里暗示造成的。如果是这种情况，那么建议你试着打开心扉，放松地享受美妙的咖啡。

其实，了解一下咖啡生豆的构成成分，就知道咖啡因含量并不是很多。

咖啡生豆中的水分含量为 9%~13%，蛋白质含量为 12%，蔗糖含量约 8%，脂肪含量为 10%~20%，多糖类含量为 35%~45%，绿原酸类的含量中，根据豆种不同，最少的占 5%，最多的占 11%，其他酸类如柠檬酸、苹果酸、奎尼酸、磷酸等占 2%，氨基酸占 1%~2%。

从上述可以看出，多糖类是咖啡生豆中含量最多的，但多糖类并不是甜味的主要来源。构成咖啡生豆的主要物质是植物立体纤维素，包含了近百万个细胞，拥有上百种化学成分，烘焙咖啡豆的过程中会使这些成分转化为油脂与可溶性物质，从而决定了冲煮出的咖啡的口感。

糖类是咖啡甜味的主要来源，决定因素为蔗糖。蔗糖还会影响酸度的发展，因为烘豆过程中，蔗糖的焦糖化产生了醋酸，而只占2%的酸类物质却是很多咖啡果香味的重要来源。

那么我们最关心的咖啡因到底占多少呢？其实咖啡因含量真的很少，根据咖啡豆品种不同，其含量为1%~2.5%。虽然咖啡因会刺激中枢神经系统、心脏系统和呼吸系统，但摄入适量的咖啡因可减轻肌肉疲劳，促进消化液分泌。而且它会促进肾脏机能，有利尿作用，可将体内多余的钠离子排出体外。不过由于咖啡会刺激胃部蠕动，胃病患者不可过度饮用。

成年人每天的咖啡因摄取量应维持在多少才算不过量呢？

咖啡因的中毒剂量为10克，正常情况下不会达到中毒剂量。一般每天的咖啡摄取量不超过400毫克，相当于5杯咖啡的量，大部分人不会超过这个量。

咖啡有一定好处，但也有不少"副作用"，摄入过多的咖

啡因会出现焦虑、睡眠中断、心悸和不安等不良反应。需要强
调的是，由于个体差异，需要尝试自己对咖啡因的敏感程度。
如果你是初次品尝，请不要急于喝太多咖啡，适量饮用才能够
好好享受你的咖啡时光。

杜友倩 DuDu
2021.11

目　录

第一章
地球的腰带
有宝藏

全球有 70 多个国家种植咖啡树，什么样的环境和气候更适合种植咖啡树呢？生长在不同国家的咖啡树又有怎样的区别？本章主要阐述咖啡的发源及分布区域，并详细介绍特色国家的咖啡故事。

**第二章
深藏不露的
果核**

咖啡树从种植至枝繁叶茂到开花结果，不断繁衍壮大，形成庞大的"咖啡家族"，人类为了从咖啡果实中得到优质的咖啡豆，不断尝试不同的处理方式。本章主要阐述咖啡豆的三大处理法。

**第三章
浴火重生**

一颗小小的青涩咖啡生豆是如何通过温度的锤炼，摇身一变成为香气扑鼻的咖啡豆呢？不同的烘焙程度造就怎样不同的香气和味道呢？本章主要阐述咖啡烘焙中的标志性过程。

第四章
走，去喝
一杯!

半自动咖啡机的发明为我们带来多少种经典咖啡？当下流行的代表性咖啡有哪些？本章主要阐述不同咖啡品类的基本知识。

第五章
开一间梦想
中的咖啡馆

也许人人都有一个开一间小小咖啡馆的梦想，当你想把这个梦想照进现实的时候，会经历哪些？又需要做哪些准备工作？本章主要阐述开一间咖啡馆的前期准备。

后记 有关这本书的只言片语

　　有关写这本书的时间线和细碎感悟

第一章
地球的腰带有宝藏

全球有 **70 多个国家**种植咖啡树，什么样的环境和气候更适合种植咖啡树呢？生长在不同国家的咖啡树又有怎样的区别？**本章主要阐述咖啡的发源**及分布区域，并详细介绍特色国家的咖啡故事。

咖啡的起源

"叮"地一声，门打开了。9点是咖啡馆开始营业的时间，我打开咖啡馆的门和温暖的灯，挑了几首轻音乐播放，穿好围裙，打开半自动意式咖啡机的电源，浇花、拖地、摆放户外桌椅。布置好一切后，我回到吧台里查看咖啡机的水压气压仪表，表盘数字显示设备预热完毕。接着开始调试磨豆机，将醇香的咖啡豆倒入自动磨豆机中，打开电源，将咖啡豆磨成粉，倒入手柄粉碗中，然后进行布粉，用粉锤压实、压平后嵌入咖啡机冲煮头上，挑一个称心的杯子，按下启动键，闭上眼睛仔细聆听咖啡机运转的"嗡嗡"声。1秒、2秒、3秒，浓浓的琥珀色咖啡液缓缓流入杯中。

9点30分，第一位客人走了进来："你好，我要一杯澳白咖啡，谢谢！"属于这间咖啡馆的一日时光正式开始了。

咖啡已成为我们日常生活中常见的饮品。通常，我们将其理解为一种饮品。实际上，"咖啡"是一种植物，是一种茜草科小乔木，只有经过播种、生长、开花、结果、处理、烘焙、制作等七个环节，才能得到我们泛指的"咖啡"，即咖啡饮品。

根据生长及处理的先后过程，可将咖啡分为咖啡树、咖啡果、咖啡生豆、咖啡熟豆和咖啡饮品。

现在距离发现咖啡树已经有 1500 多年了，发源地是非洲的埃塞俄比亚地区的卡发省。种植咖啡树的气温必须为20℃以上，因此全球的咖啡种植带分布在南北纬度 25 度之间的热带及亚热带地区，目前有 70 多个国家种植咖啡树。咖啡树有两大品种：阿拉比卡咖啡豆种和罗布斯塔咖啡豆种。海拔 800 米以上可种植阿拉比卡咖啡豆种，而非洲平原地区种植的则是罗布斯塔咖啡豆种。

咖啡树从播种到开花、结果需要近四年的时间。咖啡树开的花是白色小花，形似茉莉花。咖啡果是红色椭圆形的，类似樱桃，剖开外果皮，中间有果肉，再剖开果肉，内里有一层薄薄的内果皮，里面包裹着两颗相对着的种子，它们便是咖啡生豆了。

咖啡生豆经过专业处理后可保留 10%~14% 的水分，再经过高温烘焙后便成为广义的咖啡豆，严谨的称谓应该是咖啡熟豆。咖啡熟豆经过磨粉、冲泡、萃取、调制等过程，便呈现出一杯咖啡饮品。

那咖啡是如何被发现的呢?

人类赖以生存的蓝色星球上蕴含着无限宝藏，咖啡便是地球赐予人类的宝藏之一。公元 6 世纪，人们在非洲发现了咖啡树，现在无法确切考证其真正的起源，流传较广的咖啡起源故事之一是牧羊人的故事。据说每天上山放羊的牧羊人连续几天发现羊群比以往活跃，经观察发现羊群是吃了一种叫咖啡树的果实

才变得如此活跃的，由此发现了咖啡豆。

还有一个传说是关于摩卡地区酋长的故事。据说欧玛酋长饥肠辘辘地在山林中走着，突然看见一只羽翼艳丽的小鸟正在啄食咖啡树的果实，酋长便将咖啡果采摘下来带回家加水熬煮，没想到香气四溢，喝了之后提神醒脑，酋长便大量采集咖啡豆，将其分发给部落里的族人，大家都觉得咖啡豆功效神奇，从此将欧玛酋长奉为圣人。

公元 8 世纪，阿拉伯人开始大量饮用咖啡，当时是将咖啡当作酒和药品饮用的。公元 15 世纪以前，咖啡长期被阿拉伯地区的人垄断。直到公元 16 世纪，通过威尼斯商人和荷兰商人，咖啡才被传入欧洲，这种充满神秘色彩的口感浓郁的饮品很快受到贵族阶层的青睐，于是咖啡有了"黑色金子"的称号。

后来，咖啡豆经过海运的传播，被全世界的人们熟知。相对欧洲国家，中国的咖啡种植起源较晚，20 世纪初，一名法国传教士将第一批咖啡苗带到云南的宾川县，从此便有了属于中国的咖啡。

萃取精华

有关咖啡的时间线。

公元 6 世纪：发现咖啡树。

公元 8 世纪：将咖啡当作酒和药品饮用。

公元 11 世纪：咖啡仅在阿拉伯地区流传，当地人将其作为日常饮品来饮用。

公元 16 世纪：通过海运传入欧洲，并受到贵族阶级的青睐。

公元 20 世纪：法国传教士将咖啡苗带到中国。

咖啡加油站

咖啡饮品如何获得？

1.种植咖啡树。

2.采摘咖啡果实。

3.处理咖啡生豆。

4.烘焙咖啡生豆至熟豆。

5.研磨咖啡粉。

6.萃取咖啡液。

7.添加配料，制作咖啡饮品。

什么是咖啡带

"叮"地一声，门打开了。21点，一位客人赶在打烊的时间来了，我制作了今天的最后一杯咖啡，安心地关掉咖啡机，将机器里的剩余水蒸气放干净，把外摆的桌椅和遮阳伞收进来，然后关了音乐和温暖的灯，又检查一遍之后把门锁好，直奔机场，赶飞机去上海出差。

在上海忙完工作后，逛了逛"魔都"的咖啡馆。每个城市有属于自己独特的魅力。上海的迷你咖啡馆更多一些，虽然只有几平米，但器具一应俱全，格外多了一分精致感。

我边逛边喝边感受，逛到一间颇具名气的精品咖啡馆前，打算再买一杯，排队时听到前面点单的女生问："哥伦比亚soe是什么？耶加雪菲手冲是什么？那荷包蛋是咖啡吗？"咖

啡师耐心地一一解答：哥伦比亚和耶加雪菲都是单一品种的咖啡豆，只是制作方法不同；soe是用半自动咖啡机萃取的，手冲咖啡的制作步骤与冲茶类似，是咖啡师手工萃取的；荷包蛋是一款创意咖啡……

面对现在市面上推陈出新、琳琅满目的咖啡饮品，从咖啡产区开始了解无疑是最基础的。

适宜咖啡树生长的区域位于以赤道为中心南北回归线25度之间的热带和亚热带地区，统称为"咖啡带"，英文名称为Coffee Belt或Coffee Zone。咖啡树的种植主要分布在非洲的埃塞俄比亚、坦桑尼亚，中南美洲的巴西、哥伦比亚、牙买加、危地马拉、墨西哥、洪都拉斯、哥斯达黎加，东南亚的越南、印度尼西亚等。目前，咖啡豆的三大产区为非洲、美洲和亚洲，其中最大的是美洲。

作为一种热带经济作物，咖啡树对生长条件有较严格的要求。海拔、气候、地形、湿度、土壤等均决定着咖啡的品质。海拔600米以下的非洲平原比较适合种植罗布斯塔咖啡树，该种咖啡的口感较苦涩，通常用来制作意式拼配咖啡或速溶类咖啡产品。海拔800米以上的地区适合种植阿拉比卡咖啡树，通常用来制作手冲咖啡。不同国家和地区的阿拉比卡咖啡豆，口

感有显著不同，海拔越高，咖啡的品质越卓越。

除了海拔，气候也是决定性因素，需年平均气温在20℃以上，种植阿拉比卡咖啡树的理想温度是15~24℃，而适宜种植罗布斯塔咖啡树的理想温度区间比阿拉比卡咖啡树的高6℃。

除此之外，还有一些别的影响因素。因为咖啡树属于主根系不发达的植物，根系生长在泥土表层20~40厘米，这类植物更适合在热带或亚热带地区生长，适合在土壤含氧量高、土地肥沃、年降雨量达到1500~2000毫米以上、四季光照充足、冬季无霜冻、排水良好的山坡上生长，但是要避开风口和过于陡峭的山坡，因为咖啡树的根系防风能力和深层土地扎根能力较差。

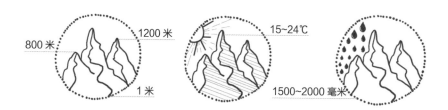

在温度、降雨量、海拔等核心条件达标之后，海拔越高或离南北回归线越近，种植出的咖啡的口感越丰富强烈。如果想要寻找更加完美的咖啡种植区域，除了满足必要条件，还要考察土壤的营养成分，越是污染少、富含营养的肥沃土壤越适合

咖啡树的生长。光照和降雨量也是关键因素，阳光普照固然好，但是不能过于干旱，也不能暴晒，大部分咖啡树承受不起旱和涝的荼毒。还有些咖啡树在喜欢阳光的同时又需要在周边种植一些遮阴又挡雨的植物庇护它们，因此这些咖啡树也被称为"雨林咖啡"。

全球有近 70 个国家生产并出口咖啡豆，随着咖啡全产业链条的逐日发展，会开发出更多的产区。巴西、越南、哥伦比亚、印度尼西亚、埃塞俄比亚、印度、墨西哥、危地马拉、洪都拉斯和秘鲁是排名靠前的国家。这 10 大生产国中，越南、印度尼西亚和印度属于亚洲，埃塞俄比亚属于非洲，其他 6 个被南美洲和中北美洲的国家占据，提供了全世界 70% 的咖啡。

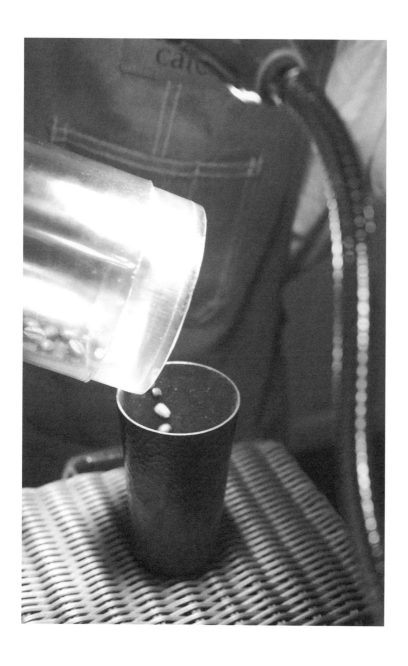

萃取精华

1. 可以种植咖啡豆的地带：以赤道为中心，南北回归线 25 度的地区。

2. 种植优质咖啡豆的地带：海拔 800 米以上的咖啡带适合种植阿拉比卡，海拔 600 米以下的只能种植罗布斯塔。

咖啡加油站

想要种植优质的咖啡树，必须满足五大要素：

1. 四季温暖如春（18~25℃）的气候。

2. 四季无霜冻。

3. 适中的降雨量（1500~2250 毫米）。

4. 日照充足，通风、排水性能良好的地理环境。

5. 理想海拔为 500~2000 米。

有胡安大叔在的哥伦比亚

"叮"地一声，门打开了。一位学生模样的女孩走进来说："请帮我制作一杯哥伦比亚手冲咖啡。"她很有礼貌地点了单，坐在靠窗的位置等待。

午后的阳光毫不吝啬地洒进咖啡馆，相似的场景在迷人的光影里闪现，瞬间将我带到20世纪90年代，那时候还没有如今当红的巴拿马瑰夏咖啡，没有遍地开花的精品咖啡馆，即使在那样的情况下，哥伦比亚咖啡也已经誉满天下了。一个暖暖的冬日下午，我偶然喝到一杯哥伦比亚单品咖啡，当时觉得很惊艳，而且清晰地看到咖啡杯里的热气伴随着淡淡的香气徐徐上升，如同一束光照进心里，不禁感叹：咖啡居然可以是这样的味道！

原来不加奶、不加糖的黑咖啡并没有令人讨厌的苦涩，而有着如同红葡萄酒般的丰富层次感，前调柔和的酸度带有丝滑的口感，中调是淡淡的香醇和黑巧克力般的苦度，后调的回甘会随着咖啡液完全入口而无限放大，让人回味无穷。相信老牌经典的哥伦比亚咖啡是很多咖啡爱好者心中的"白月光"。

哥伦比亚咖啡（Columbian Coffee）的别名

为"翡翠咖啡"，是少数冠以国名在世界上出售的单品咖啡，多年来保持着良好的声誉。哥伦比亚咖啡的口感趋于平衡，不像巴西咖啡那样有浓烈的苦，也不像非洲咖啡那样带有清晰的酸，而是具有一种独特的甘甜，沁人心脾。

地处南美洲西北部的哥伦比亚在远古时代是印第安人的家园，原名哥伦布，公元1531年沦为西班牙殖民地，1819年独立，1886年改名为哥伦比亚，是目前世界上最大的水洗咖啡豆出口国。

哥伦比亚的咖啡豆有个最明显的特征——外形相对统一，不像有些国家的咖啡豆形状差异大。

相比种植在丘陵红土上较粗犷环境里喝起来口感浓烈的巴西咖啡，哥伦比亚咖啡树种植在山地黑土地上，咖啡口感不仅高度均衡，且富有浓郁的香气，令人着迷。这源于哥伦比亚的气候和环境太适合种植咖啡树了，简直是天然的咖啡树乐园。

在哥伦比亚境内，咖啡树种植在安迪斯山脉沿线，据查约有 27 亿株咖啡树，常年没有霜冻，一年四季都有相应产区可以采收。

哥伦比亚咖啡有 200 多个档次，区域性很强，较知名的产区有麦德林（Medellin）、阿曼尼亚（Armenia）与马尼札雷斯

（Manizares）等，被统称为"MAM"。

南部的精品豆代表产区为考卡（Cauca）、慧兰（Huila）、娜玲珑（Narino）等。

哥伦比亚全境常见的种植品种有卡杜拉（Caturra）、波旁（Bourbon）、铁皮卡（Typica），除此之外，还种植一些特有的抗病品种及少量名贵品种。

值得一提的是，哥伦比亚的咖啡树种植历史非常悠久，文化底蕴非常深厚，大街小巷有各种各样的咖啡馆，人们早已习惯聚在一起一边喝着现磨现煮的咖啡，一边谈论着生活中的各种热门话题。

近几年，我们能喝到各种经过特殊处理的哥伦比亚咖啡豆制作的咖啡，口感非常惊艳，也许这个孕育优质咖啡的国度会一直将这份美好带给全世界。

萃取精华

1. 哥伦比亚是目前全球最大的水洗咖啡豆出口国。

2. 哥伦比亚是少数使用统一咖啡标志的国家之一。

3. 哥伦比亚境内常见的品种为卡杜拉、波旁、铁皮卡。

咖啡加油站

胡安大叔是谁?

1927 年,哥伦比亚成立哥伦比亚国家咖啡生产者协会(FNC,英语为 Columbia Coffee Growers Federation)。是哥伦比亚最大的咖啡生豆出口商,也是专门服务咖啡农民的组织。

1959 年,FNC 创造了现在被大家熟知的胡安大叔的形象,致力于推广哥伦比亚咖啡。胡安大叔带着哥伦比亚特色的草帽,披着当地的斗篷,穿着工作服,背着牛皮包,穿着草鞋,留着小胡子,身边还有一只驮着哥伦比亚咖啡麻袋的骡子小贝壳。

1960 年,第一任胡安大叔亮相纽约第五大道,当时《纽约时报》刊登其形象并配文:在纽约喝哥伦比亚咖啡。从此,胡安大叔成了哥伦比亚咖啡的标志性符号。

哥伦比亚已经历了三任胡安大叔的时代,每一任胡安大叔都是经历严格的"选秀"才"上岗"的,这是一种至高的荣誉。1981 年,哥伦比亚用胡安大叔和骡子小贝壳的元素创立了现在广为人知的三角标志。

闯入埃塞俄比亚的花果园

"叮"地一声，门打开了。"昨天我喝的是不是红樱桃？真的太好喝了！我感觉自己喝到了樱桃的酸甜。这是哪里的咖啡豆？"早上 10 点，一位相熟的老客人兴冲冲地跑进咖啡馆，将自己难忘的咖啡味道分享给我们。我回答："是埃塞俄比亚的红樱桃，这款咖啡豆的味道的确酸甜清爽。"

埃塞俄比亚的咖啡喝过之后让人难以忘怀，就像"朱砂痣"。张爱玲女士把男人一生中遇到的两个重要的女人比喻成"白月光"和"朱砂痣"。这个比喻同样适用于咖啡，如果"白月光"是哥伦比亚，那么"朱砂痣"一定是埃塞俄比亚。

要是将哥伦比亚咖啡的味道比作绅士的沉稳优雅，那么埃

塞俄比亚咖啡的味道便如娇俏的少女般活泼开朗，这种标志性的兼具花香及果酸且苦度低的口感更容易让入门级的咖啡爱好者接受。

埃塞俄比亚是个地形复杂的国度，是个80多个民族汇聚的国度，也是咖啡的发源地，是非洲最大的咖啡生产国，据说当地不管生活条件多贫困的家庭，其生活必备品之一必然有煮咖啡的炭火炉和咖啡壶。

埃塞俄比亚是一个咖啡已经深入骨髓的国度，当地外销品中最多的就是咖啡，全境种植的咖啡60%用于出口，中国至今仍是埃塞俄比亚的主要进口国家之一。

在埃塞俄比亚一直延续下来的咖啡树传统种植方法是人工养护，因此拥有先进的咖啡生产能力和处理设施的规模化种植园占极少数，更常见的是以个体为单位，在房前屋后及生活设施周边栽种咖啡树的方式。

　　在当地，农户自发种植的咖啡树占至少 50%，剩下的 50%
是咖啡种植体系里比较特别的存在——野生咖啡树。没有人工
打理，一到咖啡果实成熟的季节，当地人就会去这些野生咖啡
树生长的原始森林里采摘咖啡果实，再卖到咖啡处理厂换取报
酬。这可能也是一种"靠山吃山"的有趣形式吧。

　　这种特殊的咖啡种植体系会造就特别的咖啡口感。埃塞俄
比亚最著名的咖啡产区必然是耶加雪菲精品产区，生长在海拔
1800~2000 米的地方。以往耶加雪菲产区属于西达摩产区，但由
于其口感独特，被单独区分出来，极具特色的桃子果香及浓郁
的茉莉花香、柠檬香和茶香让人迷醉。1972 年之前，耶加雪菲
咖啡豆采用的是最古老的日晒处理法，后来为了提升整体质量
引进了南美洲的水洗处理法，这样花香和柑橘香更清新，从而
一跃成为世界精品咖啡的代表。耶加雪菲咖啡是当之无愧的埃
塞俄比亚经典咖啡。

耶加雪菲是从西达摩产区独立出来的，西达摩产区里还包含很多优秀的咖啡产区，比如古吉，2017年非洲咖啡协会举办了TOH（Taste of Harvest）生豆比赛，一支来自Buku Abel处理厂的日晒批次以其浓浓的草莓和奶油香气一举获得了冠军。这种豆子就是由英文名称直译而来的旱贝拉，也是目前西达摩产区里最受关注的一款咖啡豆。旱贝拉生豆被北京生豆贸易商引进中国，因为其冠军的身份，中国咖啡人习惯将其称为"花魁"。

萃取精华

1. 埃塞俄比亚是咖啡的发源地，只有埃塞俄比亚产出的咖啡豆可以被称为"原生豆种"。

2. 埃塞俄比亚全境的咖啡树有人工种植的，也有天然野生的，咖啡树种类繁多，埃塞俄比亚是非洲境内最大的咖啡生产国。

3. 埃塞俄比亚的代表性咖啡种植产区为耶加雪菲、西达摩等。

咖啡加油站

埃塞俄比亚产区的咖啡豆的形状和大小不一样，这是为什么呢？

作为咖啡发源地的埃塞俄比亚，咖啡体系庞大繁多，品种数量惊人。大多未经过正式遗传鉴定，一方面鉴定分类难度大，另一方面政府出于保护而不愿公开品种信息，因此埃塞俄比亚的咖啡豆被统称为"埃塞原生种（Heirloom）"。很多著名的咖啡豆品种的发源地便是埃塞俄比亚，就连咖啡界的翘楚——巴拿马的瑰夏品种也起源于埃塞俄比亚。埃塞俄比亚是天然的咖啡品种基因库，仅南部卡发省森林地区发现的埃塞原生咖啡豆品种就多达5000种。

泰国的咖啡不小众

"叮"地一声，门打开了。背着网球包、满脸流着汗的客人走了进来："今年夏天怎么这么热，能不能帮忙把空调温度调低一些？我想来杯多冰又多糖的咖啡，补充体力。"他说完后就径直走向吧台坐下，等待我们的回复。"制作一杯加了炼乳的有点泰国风味的冰咖啡如何？"他点了点头回答道："泰国是个旅游的好地方啊。"

提起泰国，你的印象是什么？阳光、沙滩、海鲜、潜水？记得那时候去普吉岛，给我留下深刻印象的竟然是咖啡。在普吉岛待了几天，

每天都去便利店，推开便利店的门，除了琳琅满目的商品，苏打水和瓶装咖啡及速溶咖啡的种类也很多，要是不愿意选择货架上的咖啡饮品，也可以选择现磨咖啡，便利店通常会放置一台全自动咖啡机售卖现磨咖啡。咖啡种类比较少，基本就是黑咖啡类、奶咖类和咖啡沙冰类三大类。黑咖啡的口感比较苦涩，奶咖及花式咖啡通常比较甜腻。在体验过泰国当地的各类咖啡馆以及机场的本土连锁品牌咖啡馆后，发现泰国咖啡的口感比较醇厚，且加入的配料较丰富，比如冰激凌、果酱、坚果等。泰国特色的咖啡不加糖，加的是炼乳，所以口感更丝滑。

泰国是在 19 世纪初才正式接触咖啡的，相对许多国家不算早。当时普通民众并不认识咖啡，只有极少数贵族对咖啡有一定了解。直到 1960 年，泰国咖啡的种植面积只有 1600 平方米，年产量不到千吨，而进口的咖啡数量近万吨，再加上始于 1970年消除鸦片种植的项目，泰国政府开始在本国推动种植咖啡。

泰国的咖啡发展并不是一直顺风顺水的。1980 年，咖啡成

本上升，全球咖啡销量骤减，泰国当地的一部分咖农因为当时橡胶业的利润增加而砍掉咖啡树，转而种植橡胶树和棕榈树，寻找更好的经济收入。1988年，泰国拥有了第一款由"雀巢"公司生产的速溶咖啡，随后罐装咖啡开始出现，因为它价格便宜，方便饮用，非常符合泰国当地人喝咖啡的习惯，也适合销售给来泰国旅游的朋友，因而备受欢迎。

泰国全年咖啡豆产量只占全世界总产量的0.5%，本土咖啡豆中98%是罗布斯塔咖啡豆，只有2%是高质量的阿拉比卡咖啡豆。主要种植地区是南部的春蓬、拉农、素叻他尼和甲米，以及北部的清莱等府。南部地区种植的是罗布斯塔，北部地区的海拔及降雨量则适宜种植阿拉比卡。泰国是世界上出口速溶咖啡排名第11的国家。据官方统计，2019年泰国咖啡出口量为24 812吨，2020年仅第一季度出口的咖啡成品总量就达到6000吨，呈上升态势。泰国在咖啡加工方面具有一定优势。尤其是在某些国家减产时，泰国仍能保持稳定增产的趋势，这对泰国咖啡加工企业来说是个不错的机会。

虽然在国际咖啡的舞台上，泰国咖啡的大众知名度并不是特别高，远不及越南和印度尼西亚，但它仍以其独特的方式占有一席之地。

萃取精华

1. 泰国的咖啡文化于公元 19 世纪开始萌芽。
2. 泰国南部地区种植的是罗布斯塔品种，北部地区种植的是阿拉比卡品种。
3. 泰国的咖啡中，98% 是罗布斯塔咖啡，只有 2% 是阿拉比卡咖啡。

咖啡加油站

泰国特色的咖啡是在其中放入丝滑香甜的炼乳以代替糖浆，也被称为泰国古式咖啡。很多泰国人是炼乳爱用者，吃甜点的时候一定要加炼乳，就连咖啡也如此，用炼乳代替糖和奶精，味道就会变得浓郁。而且，他们大多会在咖啡中加冰，口感更像咖啡味冰奶茶。不同的咖啡店制作的泰国古式咖啡的味道有所不同，除了咖啡豆本身的质量、炼乳品牌不同，每家有自己独特的"秘方"。例如，加入一点用谷物研磨的粉，芝麻粉、玉米粉、小豆粉等，或者别的特殊香料。多尝几家会有惊喜出现！

第二章
深藏不露的果核

咖啡树**从种植至枝繁叶茂**到开花结果，不断繁衍壮大，形成庞大的"咖啡家族"，**人类为了从咖啡果实中**得到优质的咖啡豆，不断尝试不同的处理方式。**本章主要阐述咖啡豆**的三大处理法。

咖啡是个大家族

"叮"地一声，门打开了。"这个月有什么新豆吗？"这位客人每个月都会来购买不同产区的咖啡豆，回去后自己研磨制作咖啡。因为咖啡馆每个月的豆单都会更新，这位客人每次都会尝到不同的咖啡味道，于是他冒出一个比较新奇的想法，"咱们能不能自己种一棵咖啡树？"

到底能不能自己种一棵咖啡树呢？看看下面这些条件就知道了。想喝上一杯完全由自己亲手种植的咖啡树结出的果实制作的咖啡至少需要四年时间。首先应找到适合咖啡树生长的地区，这个地区一定要在南北纬度25度的热带及亚热带地区。其

次，选择想要的咖啡豆品种。播种之后至少一个月以上咖啡树才会发芽，较传统的方法是将其移到温室大棚中长至40~50厘米高，再选择健康粗壮的树苗移植到农场里。

第一次开花期是树龄三年左右，白色的五瓣花朵令人联想到清幽的茉莉花，两三天慢慢凋谢，咖啡的果实在花瓣凋谢后六至八个月才慢慢成熟，结出直径约 1.5 厘米的咖啡果实，也被称为咖啡樱桃（Coffee Cherry），果实由绿色慢慢变成黄色再变成红色，这时候就可以采收了。

咖啡树除了两大品种阿拉比卡（Arabica）和罗布斯塔（Robusta），市面上还有一些产量少的小众品种。如利比里亚种（Liberica）。

两大豆种从产量、外形至咖啡因含量、口感特点等方面皆不相同，之后又在漫长的岁月里衍生出很多种分支豆种，形成枝繁叶茂的咖啡大家族。

全球的阿拉比卡咖啡豆产量占 70%，罗布斯塔咖啡豆产量占 30%。

从外形上看，阿拉比卡咖啡豆呈椭圆形，豆子偏扁，中央线呈微 S 形。罗布斯塔咖啡豆像个乌龟壳，更圆更鼓，豆子的中央线笔直。从咖啡因的含量来看，阿拉比卡咖啡豆有

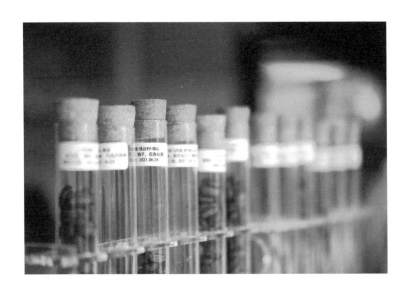

1.1%~1.3%，罗布斯塔咖啡豆有 2.2%~2.4%。

可以说，生长在高海拔地区的阿拉比卡咖啡树是高品质的代名词，其咖啡豆口感丰富，制作方式灵活，无论意式咖啡还是滴滤式咖啡都可以胜任。

在非洲平原生长的罗布斯塔咖啡树产出的豆口感苦涩、单一，早期因为油脂丰厚的特点被经常制成意式浓缩咖啡。现在越来越多的人追求口味多样化，于是将其作为拼配咖啡豆或商业豆来使用。

随着咖啡的全球化发展，咖啡树的分支品种越来越多，无法一一展开详述，这里选几种较有代表性的来介绍。

阿拉比卡咖啡树（Arabica）

这是最古老的咖啡树种，原产地为埃塞俄比亚。大家熟悉的也门摩卡咖啡豆、牙买加蓝山咖啡豆、苏门答腊的曼特宁咖啡豆等都属于阿拉比卡种的优质咖啡豆。这种咖啡树通常种植在山区、高原或火山的斜坡上，最适宜的生长高度为1000~2000米，海拔越高，品质越好。阿拉比卡咖啡豆的口感多元化，香气十足，层次感强，越来越多的咖啡馆将其作为出品咖啡的原材料。但是阿拉比卡咖啡树对生长环境要求颇高，对降水量、

气温等都有一定要求，年平均气温 15~24℃最佳，昼暖夜凉的气温更适宜阿拉比卡咖啡树成长，合适的温度差还可以促进咖啡果实的收缩，提升咖啡的口感，过冷、过热或过潮都不行，而且阿拉比卡咖啡树的抗病虫害能力比较差。

罗布斯塔咖啡树（Robusta）

原产地是非洲的刚果，但栽种最多的却是非洲的西部和中部、东南亚地区和南美洲的巴西。罗布斯塔咖啡树对海拔没有要求，从海平面高度到海拔 700 米之间都可以。它的适应性极强，能够抵御恶劣气候，也不需要过多人工照顾，可以适应野外生长，是一种容易成活的咖啡树种。无论从品质上还是口感上来说，它都比阿拉比卡咖啡逊色许多，更适合作为商业食品原材料和速溶咖啡原材料来使用。

罗布斯塔咖啡豆的口感虽然没有阿拉比卡咖啡豆丰富，但是萃取出的咖啡油脂很丰厚，传统的咖啡店会在意式浓缩咖啡中加入罗布斯塔咖啡，这样能够使油脂保持的时间更长，也可以增加咖啡的黏稠度和香气。罗布斯塔咖啡豆的咖啡因含量较高，在越来越讲究和细化咖啡豆用途及口感的时代里，有一些精品咖啡馆用罗布斯塔咖啡豆搭配阿拉比卡咖啡豆搭配出独特的具有浓厚油脂和丰富口感的咖啡豆来制作咖啡。

罗布斯塔咖啡豆 VS 阿拉比卡咖啡豆

利比里亚（Liberica）

这种咖啡树的种植地区仅限于利比里亚和马来西亚等少数几个国家。它们的咖啡豆产量不足全球的5%，是小众咖啡品种。利比里亚咖啡树的个头比其他品种的高，树干粗壮坚韧，树叶和果实较大，成熟的咖啡果实颜色更红。喝起来香气强烈，但苦度刺激性也强，不属于高品质咖啡豆。

铁皮卡（Typica）

这是埃塞俄比亚最古老的原生品种，也被称为"红顶咖啡"。所有阿拉比卡咖啡豆都由铁皮卡繁衍而来。铁皮卡咖啡树的顶叶呈偏红的古铜色，咖啡豆的形状呈椭圆形或瘦尖形，制作的咖啡口感丰富。无论是誉满天下的蓝山咖啡还是曼特宁咖啡，还是独特的低海拔夏威夷可纳咖啡都属于铁皮卡的衍生豆种。

波旁（Bourbon）

这是铁皮卡移植到也门后的变种，咖啡豆的形态从瘦尖形逐渐变成圆形。1715年，也门的圆身咖啡豆被传播到非洲东岸的波旁岛，又在1727年传播到巴西和中南美洲的部分国家。波旁咖啡豆一直活跃在精品咖啡市场上，还是美洲各类精品咖啡杯测会里常见的优胜者。

· 象豆（Elephant Bean）

这是铁皮卡知名的变种豆，最先在 1870 年巴西东北部产豆区发现，咖啡豆比普通常见的阿拉比卡豆大三倍。在种植实践中发现，若出产于低海拔种植区，则口感表现差、无特点；若出产于高海拔种植区，则口感表现佳，醇厚的口感中带着独特的奶香黑巧克力味。

可纳（Kona）

夏威夷的可纳咖啡豆有非常特别的生长环境，虽然种植海拔不高，没有突破千米，但是种植咖啡豆的土壤是肥沃的火山岩土壤。吹着海风，沐浴在美丽海岛的阳光之下的可纳咖啡豆制作的咖啡口感非常纯净，酸度和甜度比较均衡。

蓝山（Blue Mountain）

铁皮卡家族中大名鼎鼎的咖啡豆非蓝山莫属，它经历了 200 多年的进化，牙买加的蓝山咖啡不但在口感上拥有极佳的口碑，而且在价格上也有一定的竞争力。

黄波旁（Yellow Bourbon）

这是巴西圣保罗州特有的波旁咖啡变种，咖啡果实成熟后呈黄色，一直不会变红，因此被称为黄波旁。

卡杜拉（Caturra）

这是波旁咖啡的单基因变种，它的最大特点是不怕暴晒，不需要在旁边种植遮阴树，因此得名暴晒咖啡（Sun Coffee）。卡杜拉咖啡树的个头相对矮小，更适合高密度栽种，可种植的海拔跨度比较大，从700米的低海拔至1700米的高海拔均可，海拔越高，口感越佳。

新世界（Mundo Novo）

这是波旁与苏门答腊铁皮卡自然杂交的咖啡树品种，最早在巴西发现。树较高，不太容易采收，但优点在于咖啡豆产量高，还耐病虫害。

卡杜艾（Catuai）

这是新世界与卡杜拉杂交之后产生的，是波旁咖啡豆繁衍出的两种豆种又继续繁衍的咖啡豆种。卡杜艾咖啡树集合了新世界与卡杜拉咖啡树基因的优点，不仅树身低，方便采收，而且结的果实也比较结实，不易掉落，但是口感不如卡杜拉层次丰富。

卡杜艾、卡杜拉、新世界和波旁为巴西的四大主力咖啡品种。

咖啡家族非常庞大，未来一定会涌现出更多新品种供我们品尝、交流。

**萃取
精华**

1. 从播种到开花结果至采收咖啡果实至少需要四年时间。
2. 世界上的两大咖啡豆品种是阿拉比卡和罗布斯塔。
3. 阿拉比卡豆种和罗布斯塔豆种从生长环境、外表形态、咖啡因含量到口感和用途上都有极大差异。
4. 随着时间的推移，这两大豆种不断衍生出各种不同的咖啡豆种，形成了庞大的咖啡家族。

**咖啡
加油站**

令人着迷的瑰夏

瑰夏（Geisha）是近几年在国内咖啡圈风头正劲的一个品种，其实这种咖啡豆历史悠久，1931 年发源于埃塞俄比亚南部瑰夏山，属于铁皮卡家族衍变的咖啡豆品种，1960 年移植巴拿马，直到 2005 年才开始在杯测赛中频频胜出。由于巴拿马的瑰夏咖啡豆口感十分丰富，花果香气十足，回甘又极为明显，令这种咖啡豆一步一步成为目前知名的咖啡豆之一。由于瑰夏与日文中的"艺妓"同音，因此也经常被称为"艺妓"。

小豆子历险记

"叮"地一声，门打开了。"叮"地一声，门又打开了，"叮""叮""叮"，客人一波接一波地走进咖啡馆。此时正值咖啡馆销售的旺季，咖啡馆里弥漫着看不见摸不到的咖啡香气。每一位推门进来的客人都会因吸入鼻腔里的一缕咖啡香而变得心情愉悦。也许有人无法接受咖啡的苦味，但很少有人不喜欢闻咖啡味道。

咖啡的味道变化无穷，有的人爱喝口感醇厚的咖啡，有的人爱喝带着果酸清香的咖啡。想分辨各式各样的咖啡，除了需要了解不同国家咖啡豆的口感特点，还要了解不同的咖啡果实处理法对口感的影响。

所谓咖啡处理法是将咖啡豆从果实中分离的过程。处理方式会直接影响咖啡豆冲泡后所呈现的口感。处理咖啡果实的原

则是去除果皮、果肉、果胶，再脱去内果皮的硬壳，获得内里的咖啡豆。所谓喝咖啡，其实喝的是咖啡豆的种子制作的饮品，而且还是经过处理的水分含量偏低的种子。

咖啡的果实成熟后呈黄色或红色，外形就像小一点的樱桃，又被称为咖啡樱桃（Coffee Cheery）。咖啡果实共有6层，最外面包裹着一层坚硬的外果皮（Outer skin），里面是胶状的果肉（Pulp）和果胶（Pectin layer），再向里是一层内果皮（Parchament），再向内紧紧包裹在种子上的薄皮叫银皮（Silver skin），而内核包裹着两颗对立的半圆种子，也就是咖啡豆（Bean）。每颗种子的中心都有条线，被称为中央线（Center cut）。

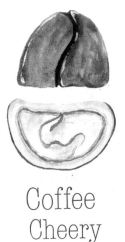

中央线 Center cut

咖啡豆 Bean

银皮 Silver skin

内果皮 Parchment

果胶 Pectin layer

果肉 Pulp

外果皮 Outer skin

阿拉比卡

罗布斯塔

阿拉比卡豆种和罗布斯塔豆种的中央线有所不同

咖啡豆的构造从内向外依次为：

咖啡豆：一颗咖啡樱桃里有两颗咖啡豆，70%左右是半圆形，也有20%左右因基因突变使得两颗种子连在一起成为圆形咖啡豆。咖啡豆是将咖啡樱桃处理后再进行高温烘焙，保留下来的用于制作咖啡饮品的原材料。

银皮：咖啡豆上紧贴着一层薄如糯米纸的膜，这是种子发育留下的表皮，被称为银皮。在处理过程中，银皮会脱落大半，尤其用水洗处理法时，银皮脱落得更多。如果要将银皮处理得非常干净，可利用抛光工序将其去除。即使没有抛光，所剩不多的银皮在烘焙过程中也会脱落干净，仅留下极少量银皮夹在豆子中央线的细缝中。

内果皮：也被称为羊皮纸，是由被胶质紧紧黏附的一层纤维素组成的壳。内果皮干燥后，外观很像羊皮纸。

　　果胶：果肉里面是果胶，也就是胶质。胶质既甜且黏，有些地区的咖啡农习惯将其称为蜜（Miele）。

　　果肉：外果皮紧连着一层很薄的果肉。虽然咖啡果肉酸甜可口，但这种果肉太少的结构组织注定咖啡樱桃不适合做水果。除了日晒处理法，其他处理法会在咖啡樱桃摘下后几小时内就去掉外果皮和果肉。

　　外果皮：最外层的外果皮与樱桃或蔓越莓的外皮相似，但是更加坚韧。大多数品种的咖啡果实成熟后，外果皮的颜色呈红色，少数品种的咖啡果实的外果皮呈黄色或橘黄色。

　　咖啡豆的处理方法有很多种，目前全球较传统及普遍的处理法为日晒处理法、水洗处理法和蜜处理法三大类。不同的处理法从发酵流程到产出的咖啡豆口感都有差异，但是无论用哪种处理法，最终都是为了得到更优质的咖啡生豆。

萃取
精华

1. 咖啡生豆是咖啡果实里的种子，需要进行特殊的处理才能得到。

2. 经典的咖啡豆处理法是日晒处理法和水洗处理法。

咖啡
加油站

水洗处理法和日晒处理法

水洗处理法相对日晒处理法来说，整个过程中用水量更大。水洗处理法是用水冲刷、浸泡和发酵以去除咖啡豆的果肉、果皮和果胶。因为水洗处理法会深度接触水，因此口感更纯净。

日晒处理法在前期晾晒的过程中更耗费人力，但比水洗处理法更环保，也正因为处理过程中果肉与咖啡豆分离时间更长，因此口感更丰富。

古老的日晒处理法

"叮"地一声，门打开了。"哇，你正在冲手冲咖啡呀，一闻就知道是日晒咖啡豆。"一位同是咖啡店主的姑娘来串门，并继续说："虽然你没有告诉我手中的两杯咖啡哪一杯用的是日晒处理的咖啡豆，但我还是能感受得到。"如同阳光晒过的棉被留有"光之印记"一般，日晒咖啡豆仿佛自带阳光味道，能够让人嗅到更有层次感的香气，还有种浓烈的味道。

那么日晒处理法究竟是什么？

日晒处理法（Natural）又称"自然干燥法"，是一种古老的处理法，对天气的要求很高，适合气候干燥、长期晴天、无阴雨的地区。目前擅长采用日晒处理法的国家有巴西、埃塞俄比亚、也门等。日晒处理法可将咖啡果肉较完整地留在豆子上。

　　随着处理法的进步与发展，传统的日晒处理法被认为是一种品质较低的处理方式，因为这种方法无法保证咖啡口感的一致性。如果可以提高日晒处理法流程的可控性，便可以在精心挑选的咖啡豆中获得清晰的口感特征和有趣的香气以及令人回味的甜感。高规格的精品日晒咖啡豆尝起来更像热带水果茶或水果酒。

　　日晒处理法的处理步骤比较简单。从字面意思上理解就是利用阳光照射的方式来处理。

　　如今，现代化的种植园里用日晒处理法时有比较严格的

工序。

第一步，采收和筛选。工人们采收咖啡果实后，将不成熟的果实淘汰出来。具体方法是将全部果实放入水缸之中浸泡约20小时，因密度不同的原理，未成熟的和成熟过度的咖啡果会浮上水面，饱满的成熟度刚好的果实会沉入水底。去除浮果后统一进行晾晒。请注意，选豆环节在日晒处理法中并不是强制环节，却是品控的第一个有效环节。

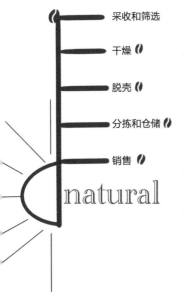

采收和筛选

干燥

脱壳

分拣和仓储

销售

natural

第二步，干燥。整个周期会持续三周左右，在此期间，工人们要根据气候情况反复翻面让果实更加干燥，直到浆果从生豆上脱落。

将咖啡果实采收之后放在日晒场晾晒一周至两周，直到咖啡果实会发出噼啪的声音。根据晾晒过程中的干燥情况翻动搅拌，保证晾晒均匀的同时还要防止霉变和发酵。如遇下雨，要妥善避雨或铺上雨布，以免雨水淋湿果肉，导致其发酵变质。因此多雨的地区并不适合日晒处理法。例如，湿度太大的中美洲。当咖啡果实晒至紫黑色，表面因脱水逐渐发皱，含水率降到 10%~14% 时才算完成干燥工序。最后将干燥的生豆用去壳机将果肉和果皮分离，取出生豆，装入麻袋，入库 30 天至 90 天，即可出库销售。

虽然日晒处理法的步骤简单，但出品的质量参差不齐。若处理不当，咖啡果实没有进行选豆环节就直接晾晒，或者没有进行充分地翻动、通风、均匀晾晒，又或者不能在一个月内完全干燥，咖啡果实便会腐蚀、长霉。在晾晒过程中任何小的疏忽都会让咖啡果实出现不好的状况，最终得到的咖啡生豆品质不太优秀。单从咖啡生豆外表观察，就可以看到较多瑕疵豆，口感上也会因处理过程中的失误或不严谨喝到吸附了泥土或雨水等自然环境中的异味导致的杂味或霉味。

日晒处理法不需要用水也不需要太多机器，是门槛偏低的处理法，往往给人留下低质量、多杂味的印象。

采用日晒处理法较多的是南美洲的巴西，这里的人们会将完全成熟的咖啡果实采摘下来，不经过挑拣，直接放在露台上晾晒，晒干的果实被当地人称为"Boia"。晒干后就像葡萄干一样干瘪。这种直接晾晒的方式也是最原始的日晒处理法。这样做的结果就是未成熟的果实无法被完全去除，这也是为什么巴西咖啡里会混有未成熟的咖啡生豆的原因。

真正高规格的日晒处理法在过程中会积极地让保留下来的果肉对生豆产生好的影响。在晾晒过程中，果肉逐渐晒干，赋予咖啡生豆更强的水果、酒和发酵的香气。优秀的日晒咖啡生豆甜感极强，口感醇厚，香气层次丰富。

日晒处理法的核心是保留咖啡的原始风味，而水洗处理法的核心是得到更纯净的咖啡生豆。

日晒处理法的处理过程相对水洗处理法更简单，但日晒处理法的晾晒过程及细节把控比水洗处理法更需要技巧及经验。相对应的，高规格日晒的成本也很高，因为需要投入大量人力在较长的周期里严谨且频繁地照料咖啡生豆。

水洗处理法咖啡生豆的口感虽然比日晒处理法咖啡生豆的更稳定，却不容易处理。如果最高规格的日晒咖啡生豆与最高规格的水洗咖啡生豆做对比，日晒咖啡生豆更胜一筹。

萃取精华

1. 日晒处理法是最古老的处理法，处理步骤相对简单，但对天气要求较高。

2. 日晒处理法的处理过程可控性较差，品质会出现参差不齐的情况。

3. 优质日晒处理法的人工成本较高，但处理完的咖啡生豆口感非常惊艳。

咖啡加油站

日晒处理法与水洗处理法的不同

水洗处理法会将咖啡生豆外层全部去除再晾晒；日晒处理法的咖啡果实采用专用脱壳机器脱壳，这种脱壳机器的口径比水洗处理法的略大。因此脱壳器将咖啡果实厚厚的外果皮可以一次剥离掉。有的地方会将这些咖啡果皮收集起来清洗之后制成"果皮茶"。也门和埃塞俄比亚的人们很早就开始饮用咖啡果皮茶了。

咖啡果皮茶

与水亲密接触

"叮"地一声，门打开了。"如果我没记错，这里有手冲咖啡的兴趣课程吧？"一位老客人问道。"是的，您为什么想过来学习呢？"我反问道。他回答说，当他了解到爱喝咖啡的人很了解日晒处理法或水洗处理法的口感特点及处理步骤后，自己也想深入了解一下。

在了解了日晒处理法后，与之相对的水洗处理法又是什么样的呢？

水洗处理法（Washed）是公元1740年荷兰人在印度尼西亚的爪哇种植咖啡时发明的。他们发现用这种方式处理过的咖啡生豆比古老的日晒处理法处理过的咖啡生豆更纯净，而且可以更加有效地留住优质

的咖啡味道，去除不必要的杂味。水洗处理法的核心是关注咖啡种子本身的口感，摒弃咖啡豆外部构造留存的口感。这意味着咖啡品种、土壤、天气、成熟度、发酵程度、水洗方式和干燥过程都是非常关键的因素。

在进行日晒处理法或蜜处理法的过程中，会保留咖啡果实的果肉或部分果肉，使咖啡豆吸收果肉里的糖分和口感，进而转化为咖啡豆的味道。而水洗处理法只保留咖啡豆，因此口感更纯净。

最初进行水洗处理法时，生产者把咖啡外果皮剥开的初衷是缩短干燥时间，同时降低日晒过程中风吹雨淋等自然环境造成的不可逆的不良气味的影响。没想到的是，果皮内的果胶更难去除。后来发现这层胶质的成分主要是果胶和糖，更容易溶解于水，用水去除果胶后，咖啡生豆更容易进行干燥处理，从而缩短了处理时间，增加了产能。全球很多国家看到水洗处理法的优势后，建设了不少超大型水洗处理厂。水洗处理法在全球得到不断推广，很多国家开始推崇水洗处理法，并认为经过水洗处理法才是优质的咖啡生豆，一度成为全球精品咖啡的代名词。

那么水洗处理法究竟是怎么进行的呢？以一般自然水洗法为例，主要有以下步骤。

第一步，采收咖啡果实，挑选出优质的成熟度够的果实。

第二步，去除果皮和果肉。

第三步，自然发酵 10~12 小时。

第四步，洗净并用清水浸泡约 20 小时。

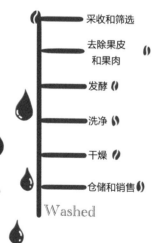

采收和筛选
去除果皮和果肉
发酵
洗净
干燥
仓储和销售
Washed

第五步，日晒干燥。

不同的国家或地区在水洗处理法的流程和时间上会产生差异，以卢旺达的水洗处理法为例。

第一步，采收咖啡果实，挑选出优质的成熟度够的果实。

第二步，去除果皮和果肉。

第三步，自然发酵约 10 小时（此步骤比自然水洗处理法的发酵时间短）。

第四步，洗净。

第五步，泡水发酵约 20 小时（此步骤是自然发酵法没有的）。

第六步，洗净。

第七步，用清水浸泡约 20 小时。

第八步，日晒干燥。

以上流程均为示例，具体处理时间以当地实际处理流程为准。

水洗处理法的具体过程和注意事项如下。

首先，将采收的咖啡果实倒入水槽中，保留沉底的成熟果实，去除漂浮在水面的不符合条件的果实，主要去除未熟的青涩果实或发育不完全的果实或熟过头的果实。其次，将咖啡果实放入专门去除外果皮的去皮机器中，将大部分果肉刮掉。再次，将残留果胶的咖啡生豆放入发酵池中静置发酵，具体发酵时间可根据当地习惯及经验来决定。在发酵过程中，会让果胶脱落干净并且促使咖啡生豆发酵均匀。发酵这一步骤在水洗处理法中是决定咖啡口感的关键步骤。

将完成发酵的咖啡生豆放入水池清洗干净，再将含水率高于 50% 的黏糊糊的咖啡生豆进行干燥处理。需要注意的是，咖啡生豆无论是铺在高架网上还是地上，都必须定期翻动，并且注意通风，只有不出差错地完成干燥工序才能顺利完成水洗处理法。

有的地方为了缩短 20 天左右的自然干燥时间，直接使用机器干燥，这样的确可以缩短干燥时间，但口感层次感与经过阳光洗礼的咖啡生豆相差甚远。将干燥好的咖啡生豆放入仓库里储存至少两个月，最后再筛选一遍咖啡生豆，就可以将其分成不同的等级进行销售或出口了。

水洗处理法可以改善古老的日晒处理法中不能避免的不可控因素，生产出更优质的咖啡生豆。但随着大众对咖啡口感的要求逐日提高，水洗处理法变得不再完美。虽然比日晒处理法咖啡生豆口感更纯净，但也很容易缺乏丰富度，品质略显平庸。

　　水洗处理法专业度极高的国家当属哥伦比亚。哥伦比亚国家咖啡生产者协会（FNC）曾有过一项规定，从哥伦比亚出口的所有咖啡必须是水洗过的阿拉比卡咖啡。直到 2015 年，FNC 重新制定了出口标准，并于 2016 年举办了第一届哥伦比亚国家咖啡大赛，鼓励咖啡种植及处理方法多元化发展，这样我们才有机会喝到不同口味的哥伦比亚咖啡。

萃取精华

1. 水洗处理法为了减少处理时间，提高可控性，会去掉咖啡樱桃的果皮果肉。

2. 水洗处理法处理过程中的核心环节是去除果胶的发酵过程。

3. 经过水洗处理法的咖啡生豆制作的咖啡口感更纯净，但处理过程较浪费水资源。

咖啡加油站

水洗处理法的一些知识。

水洗处理法的关键步骤是发酵，发酵得当的咖啡生豆，其酸度刚好，层次感丰富，甜感强。发酵不足或发酵太过的咖啡生豆，口感过酸或者带有刺鼻的酒精或洋葱的发酵味道。

不同国家的水洗处理法在细节上略有不同，埃塞俄比亚的咖啡处理厂的过筛水槽有一定倾斜度，主要是为了方便挑选出重量较轻的未成熟的咖啡果实单独进行加工。这些品质较低的咖啡生豆会作为商业咖啡豆原材料来使用。

蜜处理里有蜂蜜吗

"叮"地一声，门打开了。"请问有没有哥斯达黎加蜜处理的咖啡豆？"一位素未谋面的客人应声而入。在交谈的过程中发现她喝过很多地区的咖啡豆，可独爱哥斯达黎加蜜处理的咖啡豆。喜欢咖啡的人往往先被咖啡的某种特

质吸引，随后才开启了某种属于自己仪式感的时光，之后不断探索不同的咖啡味道，逐渐去了解咖啡的本质。

那么令人如此钟爱的哥斯达黎加蜜处理法的特别之处是什么呢？

蜜处理法的英文为 Honey Process 或 Miel Process，经过这种处理方式的咖啡被称为 Honey Coffee。从字面看，蜜处理这个词容易令人产生联想，蜜处理过程中是不是加了蜂蜜？

蜜处理法并没有添加任何除了咖啡以外的材料，是介于日晒处理法和水洗处理法之间的一种可以叫半水洗或者半日晒的处理方式。

蜜处理咖啡豆制作的饮品喝起来的确甜度很高，像是加了蜂蜜。

　　其实蜜处理法的名称是由加工过程中咖啡生豆保留的果胶黏性高而得名的。在蜜处理法的过程中，前几个步骤与日晒处理法相似，同样需要先采收咖啡果实，然后挑选成熟的咖啡果实用去果皮机器去除外果皮及部分果肉。到干燥工序时，与日晒处理法便不同了。蜜处理法的核心工序是必须对带着果胶的咖啡生豆进行晾晒干燥处理。

　　根据产区和咖啡生豆的不同，其中可保留的果胶多少也不相同，因此可将其划分为三个等级：黑蜜、红蜜、黄蜜。

　　黑蜜：保留 100% 果胶，日晒干燥时长至少两周以上，为了让果胶里的糖分充分转换至咖啡生豆里，需要妥善进行干燥处理避免暴晒，可以合理运用遮光棚来遮蔽过于强烈的阳光。

　　红蜜：保留 75% 果胶，日晒干燥时长一般为两周左右，也应避免暴晒。

　　黄蜜：保留 60% 果胶，日晒干燥时长一周左右。

　　除了通过保留的果胶多少划分等级，有些地区会根据干燥过程中的太阳直射时间和晾晒时间来划分"蜜"的程度。

　　黑蜜：将咖啡生豆放在遮阴通风的地方干燥，避免直射阳光过多，类似风干，这种干燥法用的时间比直接暴晒长一倍，持续至少两周以上，因此黑蜜咖啡生豆处理过程最复杂，人工成本最高，价格最昂贵。

黄蜜：将咖啡生豆放在阳光下直晒，时间较长，加速了干燥时间，整体干燥工序大约一周内完成。具体干燥工序会根据不同产区的气候、温度和湿度条件有所不同。

红蜜：咖啡生豆处理时间比黑蜜的短，比黄蜜的长，需要遮蔽部分阳光，不能全程直晒。

两种不同的划分标准都有严格的处理流程，国内大部分咖啡从业者习惯通过果胶的保留程度来判断"蜜"的标准。

由于果胶保留程度和阳光直晒时间不同，因此经过不同程度的蜜处理方式处理的咖啡口感不同。

经过黑蜜处理法处理的咖啡喝起来醇度最高，甜度转化率也最高，类似发酵和酒香的风味明显，感官中带有的水果味更接近果酱的酸甜感。经过红蜜处理法处理的咖啡，相对黑蜜处理法，口感更均衡，有一些水果香气，偏酸甜。而经过黄蜜处理法处理的咖啡比前两种更干净清爽。如果说经过黑蜜和红蜜处理法的咖啡口感更接近日晒处理法的，那么经过黄蜜处理法的咖啡口感就更接近水洗处理法的。

蜜处理法的优点是能够将果胶里的糖分在晾晒过程中转化进咖啡生豆内，在口感上介于日晒处理法和水洗处理法之间，

蜜处理法的水果香气不像日晒处理法那样强烈，酸感也比水洗处理法更柔和，而且加强了甜度和层次感。在处理的过程中结合了日晒处理法和水洗处理法的所需处理步骤，相对传统日晒处理法，其可控性更强，相对水洗处理法，其成本降低了很多。蜜处理法的咖啡生豆展现出迷人口感，令它声名远扬，近年来获得了诸多竞赛的奖项。

蜜处理法除了有指定的硬性标准，在晾晒的过程中对空气干燥度和日晒时间都有较高要求。不是所有产区都适合蜜处理法，主要集中在中美洲，最著名的蜜处理产地是哥斯达黎加。

但是蜜处理法的过程和其他处理法一样，都需要严密看管，避免受到污染和霉害。

除了经典的日晒处理法、水洗处理法、蜜处理法这三种咖啡生豆处理法，还有近几年流行的厌氧处理法、酵素处理法、二氧化碳浸渍处理法等更新潮、更有指向性的处理法，全球的咖啡人致力于不断研发不同的处理法，旨在开发出更特别的咖啡味道。

**萃取
精华**

1. 蜜处理法在处理过程中保留果胶量不同，其对应的晾晒时间就不同。
2. 蜜处理法的可控性高且没有过分浪费水资源，而且口感层次和甜度都非常好，因此广受好评。

**咖啡
加油站**

蜜处理法属于半水洗或半日晒处理法，但因为蜜处理法对咖啡果实的含糖量和果胶的保留程度有严格的标准和界定，因此被单独命名为蜜处理法。

蜜处理法通过控制果胶的保留程度来影响咖啡豆的甜感和醇厚度，其直接带果胶晒干的方法不同于水洗处理法会用清水把果胶洗干净，因此更适合水资源较匮乏的高海拔咖啡产区。

第三章
浴火重生

一颗小小的**青涩咖啡生豆**是如何通过温度的锤炼，摇身一变成为香气扑鼻的咖啡豆呢？**不同的烘焙程度**造就怎样不同的香气和味道呢？**本章主要阐**述咖啡烘焙中的标志性过程。

高温里的膨胀

"叮"地一声，门打开了。探进来一个可爱的小脑袋，"我知道已经打烊了，但我路过这里时闻到了阵阵香气，实在忍不住想进来看看。你是不是在烘焙咖啡豆呀？我能不能观摩一下？"这位十几岁的男孩眨着眼睛望着我笑，平日里他妈妈总是带他来咖啡馆学习和写作业。于是我们一起打开烘豆机，放入青涩的咖啡种子，随着烘豆机的温度慢慢升高，咖啡种子的颜色从青绿豆黄色逐渐转为咖啡色，蜕变成香醇的咖啡豆。

在咖啡业内流传着一个"4321 理论"，是指想得到一杯100 分的品质优秀的咖啡，关键是要有好的原材料，也就是说，优秀的原产地占 40 分，合适的脱水处理占 30 分，专业的咖啡烘焙占 20 分。前三个环节把控到位就可以获得 90 分的咖啡豆了，

观察烘豆程度

最后正确合理的萃取占 10 分。四个环节全部通关，满分咖啡就到手了。其中占 20 分的咖啡烘焙是尤为关键的一步，是烘焙让原本只是一颗普通种子的咖啡生豆浴火重生变成迷人的咖啡熟豆。咖啡烘焙得当会最大化地激发咖啡豆的味蕾表现，弱化其本身的缺陷。不适宜的咖啡烘焙会毁掉优质的咖啡豆。咖啡烘焙是咖啡生豆真正意义上从种子到杯子的第一步。

什么是咖啡烘焙（Coffee Roasting）呢？就是通过高温加热的方式进行烘焙。将咖啡生豆放入烘豆机后，温度会逐渐上升至约 200℃，咖啡生豆逐渐失去 15%~25% 重量的水分，在这

12~16分钟的时间里，小小的咖啡种子发生了一系列物理变化和化学反应，咖啡种子中包含的15 200多种物质在这种转化下只保留1 000多种物质，形成了独特的酸苦甜等多种味道。专业的咖啡烘豆机目前有直火烘焙、热风烘焙、半热风烘焙三类。

直火烘焙：特点是火源可直接接触咖啡生豆；优点是有经验的烘豆师会利用此特点最大化地提升咖啡生豆的香气；缺点是火候不太好控制。

热风烘焙：特点是用强力高温热气流加热咖啡生豆，不直接接触火源；优点是烘豆过程较短，导热较均匀，咖啡口感比较纯正。

半热风烘焙：也称半直火烘焙，特点是肉眼看不到咖啡烘焙机滚筒开孔，但实际上最内侧开了小孔，方便热气进入辅助导热。优点是烘焙均匀，火候调整便捷，咖啡口感比较醇厚，甘甜度合适。

在烘焙过程中，可以根据咖啡生豆颜色划分为3个发展阶段。

1. 外观不变阶段

咖啡生豆未烘焙之前闻起来有点青草的味道，有些特殊处理的生豆闻起来会有刺鼻的酸味或发酵的腥臭。大部分咖啡生

豆为青色，有的是青灰色，也有的是青黄色。咖啡生豆含有约10%的水分，当倒入烘豆机开始烘焙时，起先咖啡生豆的外观并不会发生变化，这些水分就是最先慢慢消失的部分，在此阶段，会闻到一种发酸的味道。这个阶段是"脱水"。

2. 颜色转黄阶段

大概到135℃时，咖啡生豆由绿色逐渐变白，生豆内的水分慢慢蒸发掉。随着温度逐渐升高，生豆由绿色转为浅黄色，当达到160℃左右时，会闻到青草味或烘焙谷物的香气，温度持续升高，豆子转为黄色，再逐渐加深至黄褐色，这时会闻到一种类似烤面包或炒坚果的香气，当温度升至190℃时，生豆便完成了脱水过程。

3. 颜色加深阶段

因为受热膨胀，造成咖啡生豆的细胞壁破裂，开始发出噼里啪啦的声音，此过程被称为"一爆"，持续60秒左右，如果想要浅度烘焙，一爆就是标志性提示。随着加热过程的进行，豆子内部吸入大量的热，导致豆体更加膨胀，再次发出噼里啪啦的爆裂声，此过程被称为"二爆"，等此过程结束，咖啡豆的个头比未烘焙前变大了1.5倍左右，颜色发黑，出油，重量减轻12%~20%。此时，咖啡的酸味几乎全消失了，焦苦味和回甘更加明显。如果想要深度烘焙，二爆就是咖啡烘焙中的标志性提示。

在烘焙的过程中，可以根据颜色来判断咖啡豆的烘焙阶段。根据烘焙程度的不同，可划分为 8 个阶段。

1. 极浅焙（Light），是最浅度的烘焙，此时咖啡生豆没有熟，几乎无香味，并不适合研磨饮用。

2. 浅焙（Cinnamon），又被称为肉桂烘焙，酸味较强烈。单一产区品质较高的咖啡生豆可以尝试浅焙，突出体现水果味和花香味。

3. 中焙（Media），更容易将单品咖啡豆的层次感体现出来，醇厚度逐步提高。花香、果酸、茶味的层次感体现得更平衡。

4. 中深焙（High），使得咖啡生豆的醇厚度增加，而酸度变低，水果味和花香味逐步消失。

5. 深焙（City），也被称作"城市烘焙"，表现出浓厚的口感，酸度消失，而烟熏味、巧克力味、木香类型的香气更突出。

6. 极深焙（Full City），以厚重度和苦度为主导口感，优质的咖啡生豆历经深焙之后，回甘较明显。

7. 法式烘焙（French），咖啡豆的颜色偏深咖啡色，会渗出油脂，口感更加厚重苦涩。

8. 意式烘焙（Italian），是最深的烘焙程度，烘焙好的咖啡熟豆色泽油亮乌黑，出现炭化现象，焦苦味道重，从口感上几乎无法判断是哪个产区的，口感不再具备地域风格。

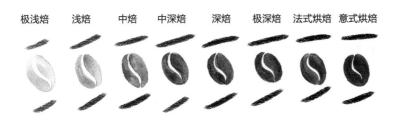

极浅焙　浅焙　中焙　中深焙　深焙　极深焙　法式烘焙　意式烘焙

烘焙的程度距离一爆越近，咖啡豆的口感越酸，距离二爆越近，咖啡豆的口感越苦。随着烘焙程度的增加，口感在酸甜苦度上有不同变化。想要酸感明显、花果香味的就选择浅焙的咖啡豆；想要口感平衡、回甘好的就选择中度烘焙的咖啡豆；想要醇厚度高、油脂多、具有传统咖啡味道的焦香味，最佳选择是深度烘焙的咖啡豆。

萃取精华

1. 咖啡生豆必须经过高温烘焙才会味道香浓，才可以磨成粉制作各种咖啡饮品。
2. 咖啡熟豆的颜色越接近黑色，意味着烘焙程度越深，咖啡的苦度越高；咖啡熟豆的颜色越接近黄色，意味着烘焙程度越浅，咖啡的酸度越高。
3. 烘焙程度不同，咖啡熟豆的口感及表现特征就会不同，适合制作的咖啡饮品种类也不同。

咖啡加油站

刚烘焙出炉的咖啡豆并不是最好的，也不是放得越久越好喝，到底什么阶段的咖啡豆属于"最佳赏味期"呢?

咖啡生豆经过高温烘焙后会不断地释放二氧化碳气体，使得其本身的咖啡口感没有稳定下来。如果使用这种新鲜的咖啡熟豆来萃取，可能会因为二氧化碳气体过多而阻碍水与咖啡粉正常接触，无法萃取出最佳风味。若咖啡熟豆放置的时间过长，其原本的芳香味会不断地氧化和挥发。无论用多么专业的储藏罐子都无法阻止这种香气逃走。

通常，刚烘焙好的咖啡熟豆在第一周是排气较旺盛的时期，第二周和第三周的更适合饮用，也是咖啡的最佳赏味期，过了第四周风味会不断流失，但并不是说，一个月左右咖啡豆就过期了，而是时间越长，风味越弱。

听见裂开的声音

"叮"地一声,门打开了。许多咖啡爱好者陆陆续续来参加今天的咖啡杯测会,报名参加的客人朋友提前来坐在吧台闲聊,我听到两位烘豆师也坐在吧台一起探讨烘焙问题。比如,如何调整每1分钟的变化温度,如何控制升温速率,如何制定烘豆曲线图等。在他们交谈的过程中会听到一些专业的烘豆术语。

最常听到的词汇是一爆、二爆。不同产区的咖啡生豆的硬度、密度、含水率不同,烘豆师在每一次烘焙新的咖啡生豆时,都要反复测试,烘豆过程中的噼里啪啦爆破声方便烘豆师结合数据来调整烘豆方案。

那么,如何理解咖啡生豆烘焙的关键过程呢?只要了解三个重要的专业术语及标志性阶段即可。

一爆：随着烘焙的进行，咖啡生豆的温度开始升高。咖啡生豆处于吸热阶段，上升的温度使咖啡生豆的水分变为水蒸气，豆体内产生的水蒸气和二氧化碳等气体会使咖啡生豆内部压力增强，导致豆体膨胀并发出噼里啪啦的声音，这就是一爆。

一爆密集期：咖啡生豆的颜色从 4~5 分钟开始由青色转为淡黄色，从黄色变成橙色再变成棕色大约经过 9 分钟，在 9 分

30秒左右，会听到第一次噼里啪啦的声音。由于咖啡生豆在烘焙过程中并不是同时爆裂，有的会提前爆裂，有的会延后爆裂，所以当出现零星爆裂声时，为一爆初期。而当爆裂声频繁出现时，就是一爆密集期了。

一爆的整个过程中有三个标志性阶段：浅焙、中焙和深中焙。

二爆：一爆结束到二爆之前停止烘焙时，咖啡豆颜色为较深的咖啡色，烘焙程度基本为中焙、中深焙和深焙。一爆之后，随着温度继续升高，咖啡生豆继续膨胀，细胞继续被破坏，再次发出噼里啪啦的爆裂声，这就是二爆。此阶段的咖啡豆颜色呈油亮的光泽感及更深颜色的巧克

烘豆前先筛出瑕疵豆

力色。

　过了二爆期就进入二爆密集期，此时的咖啡豆外观颜色比之前又加深了许多，是极深的烘焙程度，口感也变得浓烈。

　随着烘焙的温度升高，时间的推移，由纤维、多糖和百万个细胞基质构成的咖啡生豆里的数百种化学物质转化为油脂和可溶性物质，将决定咖啡被冲煮后的口感，因此烘焙程度越深，咖啡豆的醇厚度越高。

烘豆以后需要进行杯测

萃取精华

1. 一爆初期到一爆密集期停止烘焙：咖啡豆的烘焙程度为极浅焙、浅焙。

2. 一爆密集期到一爆结束停止烘焙：咖啡豆的烘焙程度为浅焙、中焙。

3. 二爆初期到二爆密集期停止烘焙：咖啡豆的烘焙程度为中深焙、极深焙。

4. 二爆结束到停止烘焙：咖啡豆的烘焙程度为法式烘焙，甚至炭化程度更高。

咖啡加油站

什么是咖啡杯测？

英文名称为 Coffee Cupping，是咖啡烘焙师工作的一部分，是检验咖啡豆烘焙成果的一种方式，也是咖啡师们评测咖啡豆品质的一种方式，是咖啡品控的环节和流程。专业的咖啡杯测有标准化流程，但是杯测的核心为品尝咖啡的真实口感。其实咖啡杯测的方法很简单，只需将 11 克研磨成略带颗粒感的咖啡粉注入 200 毫升的 94 度热水中静置 4 分钟，将浮在表层的咖啡渣用杯测勺捞出，就可以一起用杯测勺品尝了。因为核心是公平测试，因此不需要运用任何冲泡技巧，只要品尝咖啡的真实味道即可。

香气体现王者

"叮"地一声,门打开了。我邀请的烘豆老师走了进来,我们约定下午进行一次烘豆实践课。在烘豆的过程中,我们探讨起了美拉德反应的核心。他说可以简单粗暴地将其理解为可带来酶化类风味的过程,也就是香气的体现。这让我瞬间想到一个比喻:香气体现王者——美拉德。

咖啡豆在烘焙过程中,会产生多种化学反应,有的反应是阶段性的,有的反应是短暂性的,但是美拉德反应是持续时间最长的一种反应。在烘豆持续升温的过程中,当闻到香气的时候,美拉德反应就开始了。

1912 年法国化学家路易斯·卡米拉·美拉德(Louis Camille Maillard)首次发现氨基酸和蛋白质与葡萄糖、果糖、乳糖、麦芽糖等还原糖类混合加热时可形成褐色的物质。

这种反应被称为美拉德反应（Maillard Reaction），也被称为非酶褐变反应（Non-enzymatic Browning）。

在日常生活中，很多食物散发的香气都要归功于美拉德反应，无论是鲜嫩多汁的煎烤牛排，还是蓬松可口的烤面包，都离不开美拉德反应。它在食材烹饪加热的过程中会持续产生成百上千个不一样的气味分子，为食物带来香气，改变食物的色泽，令人胃口大开。

美拉德反应是咖啡烘焙过程中最复杂且时间较长的反应，它像一位女王一样，从容不迫地为每一颗咖啡豆带来芳香。

美拉德反应始于咖啡生豆脱水后，此时咖啡生豆的颜色发生变化，从青色转为黄色再转为褐色，直到烘豆结束，美拉德反应才会停止。美拉德反应在烘豆的过程中会持续进行，但是主要的反应阶段是在烘豆转黄期和一爆期之间。在烘焙的前几分钟，豆子中所含的糖分开始分解成酸并释放水蒸气。当豆子开始变成浅褐色或者深褐色时，温度会较快上升至121~149℃，散发出类似烤坚果、烤面包的香气，也是我们经常会忽视的烘焙进程的中期阶段。在此之后，香气持续挥发，令人神往。温度越高，美拉德反应越快，从155℃开始咖啡豆有明显的色度变化。直到一爆开始，美拉德反应才开始放缓，而这时焦糖化反应即将开始，它将跟美拉德反应同时进行，二者都需要糖类物质才能完成反应。

从理论上讲，烘豆师如果想要增加某一种咖啡豆的香气，就需要在烘豆过程中延长美拉德反应的时间，这样在烘豆的过程中会产生更多大分子类黑素，从而为咖啡带来更有层次的香气和口感。

美拉德反应是烘豆师捕捉咖啡香气的标志性反应。在烘豆过程中，随着美拉德反应的进行，前期会激发咖啡里清新的花香、果香属性，中期慢慢激发咖啡里偏成熟的花果香气，反应较充分之后，花果香气会逐渐弱化，慢慢凸显出咖啡的坚果、香草、奶油、焦糖等味道。

萃取精华

1. 烘焙咖啡生豆的过程中会涉及多种反应，其中反应最长的是美拉德反应。
2. 美拉德反应持续时间较长，从咖啡豆脱水后开始至烘焙结束时停止。
3. 在烘焙过程中适当延长美拉德反应有助于增加咖啡的香气层次。

咖啡加油站

焦糖化反应与美拉德反应有什么区别？

两者都属于褐变反应，差异在于：焦糖化反应是糖受热后分子瓦解的过程，美拉德反应是加热后各类糖与氨基酸、蛋白质发生变化，获得香气和美味来源的过程。

成功创造美拉德反应的基本条件有蛋白质、还原糖（葡萄糖、果糖、麦芽糖、乳糖等）、高温环境、脱水。

烘焙程度决定口感

"叮"地一声，门打开了。背着各种绘画工具的小姐姐走了进来，点了一杯拿铁咖啡坐在角落里安静地画画，画累了就走到吧台边随意聊上两句，聊聊咖啡，聊聊她今天创作的主题。她说之所以喜欢来小咖啡馆画画，是喜欢这里流动在空气中的惬意气氛。的确，你哪天想要发呆，不错的选择便是去一家咖啡馆，点一杯喜欢的咖啡静静地坐着。想发呆的时候不会有人打扰，想聊天的时候可以找咖啡师闲聊会儿，或者还可以观察周边的人、事、物。如果你仔细观察过，那么不难发现，每一位客人要喝的咖啡口味都不同，有的喜欢喝黑咖啡，有的喜欢喝奶咖，有的喜欢喝单品手冲，有的喜欢喝冰咖啡，有的喜欢喝热咖啡，有的喜欢偏酸的口感，有的只能接受苦度高的咖啡。那么你是否了解自己喜欢的咖啡味道是如何来的呢？

如果喜欢偏苦的纯咖啡，可以选择深焙咖啡豆。如果喜欢偏酸的纯咖啡则可以选择中焙和浅焙的单品咖啡豆。

先找到喜欢的咖啡口感，再叠加牛奶或糖类的配料，根据"口感叠加配料"的逻辑能够快速找到自己喜欢的咖啡种类。比如，喜欢偏浓郁的咖啡味，可以先选择深焙咖啡豆制作的意式咖啡或美式咖啡，如果喝过之后确定是自己喜欢的口味，再尝试以这类咖啡做基底的花式咖啡。比如澳白咖啡、卡布奇诺等。以此类推，用这样的方式可以找到属于自己的咖啡饮品。

那么浅焙、中焙、深焙的咖啡豆都有怎样的口感特点呢？

浅焙咖啡豆口感丰富，酸味高。

有的人不喜欢咖啡中的酸味道，这种酸感主要来自绿原酸，又称咖啡单宁酸，是咖啡中对人体最好的一种成分。它具有抗氧化功能，能防御自由基对人体的危害，还可以减缓餐后葡萄糖进入血管的速度、减少脂肪堆积、降血压、增加血管力。但不耐热的绿原酸会在烘焙过程中渐渐减少。因此，越是深焙的咖啡喝起来越不酸。

通常浅焙十分考验烘豆师的技术，相对深焙而言，要在更短的时间里，将咖啡豆独有的风味激发出来，优质的浅焙咖啡豆充满花香、果酸、茶味，且规避了未熟豆或瑕疵豆的缺陷，展现出清爽并有层次感的口感，单一品种单一庄园高品质的咖啡生豆更适合浅焙。该种咖啡豆适合出品手冲咖啡、冷萃咖啡，适合喜欢清爽口感的受众群体。

中焙咖啡豆均衡度高、包容性强。

中焙咖啡豆相对浅焙咖啡豆，口感更加均衡。优秀的烘豆师不仅能将其风味的层次感激发出来，还能让其偏厚重的整体口感表现出来。中焙咖啡无论在生豆的选择上还是出品方式上都有较高的包容度。可以选择单一品种单一庄园的咖啡生豆，也可以选择将不同产区的咖啡生豆拼配混合在一起烘焙。中焙咖啡豆适合出品手冲咖啡、冷萃咖啡、创意咖啡等，适合喜欢均衡口感的受众群体。

深焙咖啡豆浓郁得令人难忘。

深焙咖啡豆的主导风味是浓郁的，比如烟熏、巧克力、焦糖等醇厚度高的口感。值得一提的是优秀的烘豆师会保留深焙的口感特点，捕捉到最好的甜度，不会让人喝到难以下咽的苦涩。特别醇香的咖啡通常特指深焙咖啡。绝大多数单一产区的高质量咖啡豆为保留其特有风味并不适宜过深的烘焙，本身带有花果香气和丰富层次感的咖啡豆也不适宜过深的烘焙。深焙咖啡豆适合出品意式咖啡，适合喜欢浓郁口感的受众群体。

萃取精华

如果不同的烘焙程度只能选择一种制作方式的话？

1. 浅焙咖啡豆适合制作手冲咖啡，可以用纯手工萃取的方式将单一产区单一品种咖啡豆的独特口感激发出来。

2. 中焙咖啡豆适合制作美式咖啡，不仅可以享受高温高压萃取出来的浓厚油脂，也能在咖啡慢慢冷却的过程中品尝到不同的层次感。

3. 深焙咖啡豆适合制作拿铁咖啡，浓郁的咖啡味道结合牛奶的柔软细腻，随时可以唤醒舌尖上的味蕾。

咖啡加油站

咖啡真的伤胃吗？

咖啡的浓烈味道带给大家不够温和、比较刺激的刻板印象，尤其是胃不舒服的时候，更不敢喝咖啡。实际上，深焙偏苦的咖啡豆，在烘焙的过程中会产生更多特殊成分 NMP（N-methylpyridium），这种成分可以阻碍胃部产生胃酸。若胃不舒服时特别想喝咖啡，可以大胆地选择"苦咖啡"。

第四章

走，去喝一杯！

半自动**咖啡机的发明**为我们带来多少种经典咖啡？当下流行的代表性咖啡有哪些？本章主要阐述不同咖啡品类的基本知识。

意式半自动咖啡机 + 磨豆机

改写时代的半自动咖啡机

"叮"地一声，门打开了。"咖啡是现磨的吗？"一位客人很认真地问道，"是的，是现磨的。"我也很认真地回答。这种问答不是第一次出现了。其实，现在大部分咖啡馆使用半自动咖啡机来制作咖啡。

近几年，随着精品咖啡市场的崛起和消费习惯的改变，大家越来越喜欢喝不同咖啡产区的优质咖啡，品尝来自不同地域的咖啡。甚至有不少咖啡爱好者会购买专业的半自动咖啡机和磨豆机放在家里，建立自己的家庭咖啡馆。那么，半自动咖啡机和全自动咖啡机到底有什么区别呢？

半自动咖啡机无法实现全自动咖啡机一键操作便得到一杯咖啡的便捷性。半自动咖啡机必须搭配磨豆机才能完成制作咖啡的流程。

　　从操作便捷的角度来看，全自动咖啡机体验感更佳。操作者只要把咖啡豆放入全自动咖啡机，按下去既定的模式按键，很快就可以得到一杯咖啡。可惜全自动咖啡机无法调节咖啡口感。全自动咖啡机的特点就是可以快速得到一杯程序化的咖啡。适合对咖啡口感不太挑剔却追求方便快捷的朋友。

　　与全自动咖啡机对应的是半自动咖啡机，这种咖啡机不能直接完成研磨咖啡粉和自动萃取这两项工作，而需要单独使用磨豆机研磨咖啡，再人工填压咖啡粉，每一项工作都是单独进行的，最后再进行萃取。半自动咖啡机的优势在于可以根据自己的喜好进行调节，可以在研磨咖啡粉时调节粗细度和重量，可以在填压咖啡粉时调节力道的轻重从而调节咖啡粉的密实程度，可以在萃取过程中调节萃取时间的长短。半自动咖啡机在每一个操作工作节点上的调节与变化，都会使咖啡呈现出不同的味道。

　　因而，想要追求极致的咖啡口感，需要建立正确的咖啡知识框架，并且学会正确地调试咖啡机和磨豆机。

　　最早的意式咖啡机依靠的动力是蒸汽，制作的咖啡焦苦味较重。另外因实现不了高压力，制作的咖啡几乎无油脂，与现在拥有浓厚油脂的浓缩咖啡不同。

1884 年，意大利的安吉拉·莫恩多（Angela Morioondo）在
都灵举办的世博会上展示了第一台意式半自动咖啡机，并申请
了一项名为"蒸汽操作的快速制作咖啡的设备"的专利。这台
咖啡机内部有个锅炉，将水加热后可形成 1.5 帕的内压力，再根
据需求调整水量，借由另外一个锅炉产生的蒸汽冲过咖啡粉，
从而完成咖啡的萃取冲煮。这台初代半自动咖啡机是咖啡历史
上重要的里程碑。

1901 年，米兰的设计师路易吉·比在拉（Luigi Bezzera）
首次申请了可用于商业生产的意式半自动咖啡机专利技术。在
1905 年时拉霸（La Pavoni）公司投入生产，意式半自动咖啡机
由此面世。

物以稀为贵，20 世纪初的咖啡机售价昂贵，在当时能喝意
式咖啡是贵族和特权阶级的象征。

直到 20 世纪 30 年代，米兰咖啡师阿客洛斯·吉亚（Achille
Gaggia）改良设计了一台带有活塞压杆的咖啡机，首次将半自
动咖啡机的压力改为 2 帕大气压以上。最重要的是在高压萃取
的条件下，咖啡豆出现了油脂，使咖啡有了更多香气和口感。
由于第二次世界大战的影响，直到 1948 年，阿客洛斯·吉亚
才将这项专利技术使用权转让给飞马（FAEMA）公司。经过

咖啡手柄 + 萃完的咖啡粉

不断地研发，半自动咖啡机可将水压提升到 9 帕大气压。半自动咖啡机的革新让我们能够快速制作出一杯高品质、多口感且油脂丰厚的意式咖啡。

萃取精华

1. 19世纪意大利人发明了意式半自动咖啡机，20世纪米兰人进行了改良，增加了压力，大大提升了咖啡的萃取浓度。

2. 意式半自动咖啡机的原理是通过高温高压的方式让水和蒸汽的混合物迅速冲破咖啡粉层，在几十秒的时间内萃取出一杯醇厚口感的咖啡。

3. 半自动咖啡机需要与磨豆机配合使用，而全自动咖啡机不需要。

咖啡加油站

半自动意式咖啡机的里程碑

第一台水压可达到9帕大气压的半自动咖啡机被取名为飞马（FAEMA）E61。1961年首次将水泵使用在咖啡机中，热交换器的设计使得水温能够保持在合适的冲煮范围内，恒定的高温高压可以快速将水和蒸汽穿过咖啡粉层，这也是制作出带有乳化油脂咖啡的关键因素。突破性的改革使得E61变成万众瞩目的机器。

浓缩的精华

"叮"地一声，门打开了。"来一杯 Double Espresso。"
"好的，请问您之前喝过意式浓缩咖啡吗？""经常喝，
放心做吧，我最喜欢喝这种又浓又苦的咖啡了。"结束了
简短的对话后，我为了再次确认一下，又看向他的眼睛，
他也隔着吧台露出狡黠的笑容，仿佛在说，他经常听到咖
啡师类似的反问。

之所以会出现这样的对话是因为只喝意式浓缩咖啡的客人
在国内比较小众。

每次有客人点意式浓缩咖啡的时候，我都会问以下三个
问题：

1. 您以前喝过 Espresso 吗?

2. Espresso 的杯量很少，不超过 50 毫升，可以吗?

3. Espresso 的口感比较苦，也比较强烈，可以接受吗?

有的客人听了之后就改变了心意，更换成别的咖啡。有的客人依然坚持选择 Espresso，但喝过之后马上就说接受不了如此浓郁独特的口感，以后都不想再喝它，也有一部分人惊讶于 Espresso 的醇厚口感，从此爱上了它。

意式浓缩咖啡到底是什么呢? 意式浓缩咖啡就是 Espresso，既可作为一种独立的咖啡饮品，又可作为花式咖啡的基底咖啡，是意式咖啡最先萃取出来的最原始、最纯粹的咖啡液体，特指用意式半自动咖啡机在 20~30 秒的极短时间内，用 92℃ 的热水，通过 9 帕大气压冲过研磨成极细咖啡粉，萃取出 25~50 毫升带有浓厚油脂的咖啡浓缩液。这是一种由固体、气体与液体组成的咖啡饮品。

固体与液体是杯子里下层的咖啡液部分，而气体是浮在上面的那层比咖啡液颜色浅一度的咖啡油脂（Crema）。咖啡油脂其实是萃取意式浓缩咖啡时，水和咖啡粉乳化形成的咖啡表层绵密气泡状液体，并不是真的油脂。

一杯优质意式浓缩咖啡具备的首要特征就是要有偏金黄

或红棕的咖啡油脂漂浮在表面，这很重要。刚烘焙好的咖啡熟豆含有大量二氧化碳，在萃取的过程中，二氧化碳迫于高压融进了咖啡液里。一旦热水通过咖啡粉饼，从粉碗里流出来咖啡液体时，会从9帕大气压回到正常的1帕大气压，此时造成的压力差会使二氧化碳膨胀，变成所谓的"油脂（Crema）"。一杯浓缩咖啡，若没有油脂，或许是因为咖啡豆烘焙程度过浅，二氧化碳含量过低，也或许是因为咖啡豆储存时间过长，不新鲜了。

意式浓缩有一些具体的数据，可以参考一下。

单份意式浓缩咖啡的咖啡粉量为 9±2 克。

水的温度为 90±2℃。

冲煮头的压力为 9±1 帕大气压。

萃取时间为 25±5 秒。

1 shot 意式浓缩咖啡为 25~35 毫升。

浓缩咖啡制作

影响浓缩咖啡品质的因素很多，比如水温、水压、咖啡粉的细度和密度。浓缩咖啡中不会加水或者牛奶，浓度非常高，最大限度地保留了咖啡豆的本味。

意式浓缩咖啡的量词不是"杯"，而是"份"。通常单

有趣的灵魂终会遇见
Interesting souls will eventually meet

份 Espresso 代表正常浓度，英语中通常会说 Single Espresso，现在直接简称为 Espresso。想要增加浓度的话，可以点双份 Espresso，英语中通常会说 Double Espresso。在很多咖啡馆里，常见的美式咖啡、拿铁咖啡、卡布奇诺、摩卡咖啡、焦糖玛奇朵或者各家咖啡馆独有的创意咖啡被归在意式咖啡类目内，这些咖啡都是用 Espresso 意式浓缩作为基底再混合其他材料制作而成的。

美式咖啡是在 Espresso 的基础上加水制成的。拿铁咖啡和卡布奇诺是在 Espresso 的基础上加了牛奶和奶泡制成的，牛奶多、奶泡少的称为拿铁咖啡，牛奶少、奶泡多的称为卡布奇诺。摩卡咖啡是在 Espresso 的基础上加了牛奶、奶泡、巧克力液和可可粉制成的。焦糖玛奇朵是在 Espresso 的基础上加了牛奶、奶泡、焦糖酱或奶油制成的。只要以 Espresso 作为基底，无论加任何食材，如坚果、水果、汽水、肉桂、冰激凌、鸡蛋甚至酒，都可以统称为意式咖啡。

萃取精华

1. Espresso 就是意式浓缩咖啡。

2. Espresso 只能通过意式咖啡机来制作，其口感非常浓郁。

3. Espresso 既是独立的咖啡饮品，也可作为众多花式咖啡的基底原料来使用。

4. 含有 Espresso 的咖啡饮品被统称为意式咖啡。

咖啡加油站

压力是什么？压力大小是以气压计为测量基准的，即大气施加的压力，基本可以理解为海平面上大气的重量。萃取浓缩咖啡的时候，通常会使用 9 帕斯卡大气压，简称 9 帕大气压。意式浓缩咖啡拥有悠久的历史，9 帕大气压是久经考验的最佳压力。

现在，咖啡师尝试通过调整大气压追求更完美的浓缩咖啡，很多咖啡机商家想帮咖啡师解决这个问题，于是出现了分段变压萃取。例如，一台咖啡机在萃取一杯 30 秒浓缩咖啡时，可以将气压设置为前 10 秒 9 帕大气压，中间 10 秒 12 帕大气压，最后 10 秒 7 帕大气压。这样既可以将前段口感更加优化萃取，又能避免尾段过萃而影响咖啡的口感。当然咖啡师也会根据不同的意式咖啡豆调整参数，以获得完美萃取的意式浓缩咖啡。

傻傻分不清的"两兄弟"

"叮"地一声，门打开了。"请问哪种咖啡最好看？"一位客人问道。"拿铁咖啡，我可以制作一杯带有天鹅图案的。"我回答道。"那还可以制作其他图案吗？"客人又问道。"可以的，玫瑰图案可以吗？""好的，谢谢。"这位客人很满足地坐下来。

"哇，这个拿铁拉花真优雅！"，诸如此类的话时常能听到。那么"拿铁"这个词的真正含义是什么？拿铁是从英文Latte 音译过来的，是牛奶的含义。拿铁属于一款基础意式咖啡，也是一款经典咖啡饮品。我们习惯在咖啡馆点单的时候，将牛奶咖啡称为"拿铁"。若在欧洲一些国家的咖啡馆里想点一杯Latte Coffee，千万不要直接简化为 Latte，不然很有可能得到一杯对方在充满疑惑的表情中端上来的纯牛奶。

现在咖啡馆里出现了很多品种的拿铁，比如抹茶拿铁、红薯拿铁、芝士拿铁等，其实带有"拿铁"一词后缀的饮品，不一定含有咖啡因，但一定含有牛奶。

拿铁咖啡的原材料只有牛奶和咖啡。用简单的原材料制作出优质的咖啡，最重要的是制作方法的标准化和细节的考究。

通常制作步骤有七步。

拿铁咖啡和卡布奇诺咖啡制作

第一步，将适量咖啡豆磨成奶粉状细粉；

第二步，将咖啡粉均匀地放入手柄中的粉碗里；

第三步，用粉锤将咖啡粉压实、压平；

第四步，将手柄放入半自动意式咖啡机的冲煮头上；

第五步，利用高温高压快速穿过粉层的力量，萃取出Espresso；

第六步，用蒸汽棒将全脂牛奶打发至60℃顺滑状态；

第七步，将牛奶和奶泡倒入意式浓缩咖啡里。

在整个制作过程中，每个步骤都会通过精确的数据将每一杯咖啡的技术标准化。即便全球有多个咖啡协会或组织，其培训课程中用的标准也是统一的。因此，虽然制作咖啡很简单，但想按照标准制作出一杯优质的咖啡并不容易。

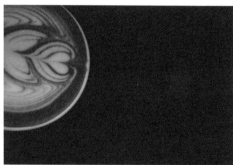

拿铁拉花：郁金香和天鹅

牛奶咖啡中除"拿铁"外，还有同样经典的卡布奇诺。卡布奇诺的名称是英文 Cappuccino 音译过来的，听起来就透着一股浪漫气质。在文艺电影中时常能看到它的身影，比如可爱的女主角手中捧着一杯卡布奇诺，不经意地在上嘴唇留下白色奶泡，营造出一种极温馨的氛围。女孩子们更喜欢"卡布奇诺"可能是因为抗拒不了它的浪漫气质吧。

那么，拿铁和卡布奇诺到底有什么区别呢？同样是意式牛奶咖啡，用的原材料也相同，而且制作方式及步骤又极为相似，如何区分这二者呢？

首先，从入口的味道来判断。卡布奇诺的咖啡味较重，牛奶的奶泡更丰厚，口感层次更分明。拿铁的咖啡味和牛奶味融合度高，咖啡味被牛奶味弱化，口感更顺滑。

其次，奶泡的比例不同。用意式半自动咖啡机的蒸汽棒加热牛奶的时候，需要运用咖啡师的专业技术打散牛奶的脂肪使其产生绵密的奶泡。奶泡比例不同是区分拿铁和卡布奇诺的关键因素。拿铁 = Espresso1+ 牛奶 2~3+ 奶泡 1，而卡布奇诺 =Espresso1+ 牛奶 1+ 奶泡 1。拿铁和卡布奇诺里的奶泡差距，仿佛是同根生的兄弟一样，虽然本质相同，但性格却大不相同。

拿铁和卡布奇诺虽然相似，但各有各的气质。正是因为这份特别，它们才会作为经典的意式咖啡流传至今。

萃取精华

1. 拿铁和卡布奇诺的组成成分都是意式浓缩咖啡和全脂纯牛奶，其中全脂纯牛奶需要蒸汽棒进行发泡和加热。

2. 拿铁也被称为牛奶咖啡，发泡较少，可以与流动性较好的牛奶相互融合，制作出好看的拉花图案。卡布奇诺也被称为奶泡咖啡，发泡非常多，因奶泡厚实，缺乏流动性，不建议制作复杂的拉花图案。

3. 较传统的卡布奇诺杯量比拿铁咖啡的少，甚至没有可流动性的牛奶，只有意式浓缩基底和奶泡，因此卡布奇诺的咖啡味更浓。

咖啡加油站

在意大利，拿铁咖啡是经典的早餐饮品。那么第一杯拿铁咖啡是否源于意大利？或许第一杯在浓缩咖啡里加入牛奶的拿铁咖啡源于意大利，但并不是意大利人制作的，而是一位名叫柯奇斯基的维也纳人制作的。

1683年，土耳其大军第二次进攻维也纳。在土耳其游历过的柯奇斯基自告奋勇用计谋骗过土耳其军队，请来搬波兰军队作为盟军，与维也纳一起对抗土耳其的进攻，最后获得胜利。维也纳军队在清理战场时发现了土耳其军队带来的数十麻袋咖啡豆，但不知道这是什么，只有柯奇斯基知道，于是他请求将其奖赏给自己。他利用这些咖啡豆在维也纳开设了一家咖啡馆——蓝瓶子。因为饮食习惯不同，蓝瓶子咖啡馆的生意并不好，于是柯奇斯基研发了新品种，就是将咖啡渣过滤掉，加入大量牛奶，从此备受当地人喜爱。这次土耳其的进攻，不仅让维也纳人认识了咖啡，还诞生了流传至今的经典西点——牛角面包。

澳白和 Dirty

"叮"地一声，门打开了。"你好，请问你们咖啡馆有澳白和 Dirty 吗？"有个客人走进店里点单。"都有，两种咖啡都需要吗？"我问道。"都尝尝吧！澳白和 Dirty 用的是同样的咖啡豆吗？还是可以选择咖啡豆呢？"她又问道。"可以选择本月咖啡馆里的咖啡豆制作。您看一下吧台陈列的不同咖啡豆的介绍，也可以闻一下喜欢哪一种咖啡豆。"同样的问题，我的一位咖啡店主朋友就回答过"没有"，遭到客人吐槽："连这两种咖啡都没有，也太不专业了。"这位咖啡店主抱怨说："没有这两款咖啡就不专业了吗？澳白和 Dirty 不也是添加了牛奶的意式咖啡饮品吗？"

近两年，澳白和 Dirty 的确是咖啡馆里的"网红"，越来越多的咖啡爱好者不满足于拿铁或卡布奇诺这些较传统的意式咖啡饮品，开始尝试更新颖的咖啡饮品，于是澳白和 Dirty 逐渐走红，甚至成为评判咖啡馆专业度的标准之一。

其实澳白和 Dirty 都是意式咖啡，和常见的拿铁咖啡类似。这三种咖啡饮品的原材料都是咖啡和牛奶，只是比例和制作方式不同。

澳白从字面意思上可以理解为来自澳洲的白咖啡，英文名称为 Flat White，不同的咖啡馆品牌对其有不同译法，星巴克（Starbucks）将其翻译为馥芮白，咖世家（Costa）将其翻译为醇艺白，瑞幸（Luckin Coffee）将其翻译为澳瑞白，更多的精品咖啡馆直接将其简称为澳白。

澳白的特点是意式浓缩咖啡基底较浓较多，而牛奶和奶泡量比拿铁的少，整体杯量也比拿铁少，因此咖啡味道浓郁。澳白的制作方法没有标准，步骤大致如下。

第一步，萃取双份 Espresso 前半段中较浓郁的咖啡液。

第二步，用全脂纯牛奶打发薄奶泡，奶泡厚度为 1~3 毫米。

第三步，将打发好的牛奶倒入意式浓缩咖啡中，总杯量不

澳白咖啡和 Dirty

超过 180 毫升。

澳白的口感因薄牛奶发泡搭配双份浓郁 Espresso 而令人感受到天鹅绒般丝滑的咖啡口感。基于制作流程，澳白是有一定温度的，冰澳白不太常见。

Dirty 也因制作方法的限制，除了 Espresso 基底是有温度的，牛奶部分都是冰的，几乎不可能制作成热的。这一点与澳白正好相反。

Dirty 和澳白同样由 Espresso 基底加上牛奶制作而成，翻译成中文为"脏咖啡"或"污咖啡"。不过"脏咖啡"和"污咖啡"是不同的。

"脏咖啡"会用巧克力粉或坚果碎等做装饰，通过让咖啡液满到溢出来而从视觉上营造一种脏脏的感觉。目前更多的咖啡馆出品的"污咖啡"是更主流的 Dirty Coffee。相对英文同名的"脏咖啡"而言，"污咖啡"更注重口感带来的美好体验。

"污咖啡"常见做法如下。

第一步，选择 180~220 毫升的杯子，在制作前取出来，预先冷藏，将杯子完全冷却。

第二步，在杯中倒入 8 分满冷藏后的冰博克牛奶或全脂纯牛奶。

第三步，萃取双份 Espresso 浓缩咖啡液，杯子尽可能靠近萃取位置，减小咖啡液流入牛奶液面的冲击力，让油脂尽量留在最上方，延迟咖啡和牛奶的混合时间。

澳白和 Dirty 制作

咖啡的整个表面被 Espresso 浓厚的油脂覆盖住，热的咖啡油脂覆盖在冰牛奶表面时会在短时间内制造出咖啡液体使白色牛奶脏了的视觉黑白分层效果。

由此可见，"污咖啡"的名字更贴切，也更适合日常饮用。

Dirty 在视觉上有层次感，在感官上也有一定变化。Dirty 可以选用各种风味突出的单品咖啡豆萃取意式浓缩咖啡，在意式浓缩咖啡被逐渐稀释的过程中，分三到四口喝下：第一口会喝到清晰的单品咖啡产地特征，第二口可以在慢慢稀释的过程中体会温热的咖啡口感和冰凉的牛奶逐渐进入味蕾，第三口和第四口可以体会到牛奶和咖啡完全融合后的清爽和清甜。Dirty 之所以越来越受大家喜爱，正是因为这种多样性。

**萃取
精华**

1. 澳白和 Dirty 都属于意式咖啡，原材料也都是意式浓缩咖啡液和牛奶。

2. 通常澳白是有温度的，牛奶发泡比拿铁更薄，搭配意式浓缩咖啡可带来入口丝滑的口感。

3. Dirty 与澳白相反，通常是冰咖啡，可以将不同产区的单品咖啡豆萃取的浓缩咖啡倒入冰牛奶和冰杯子中，体验温热的咖啡和冰爽丝滑的牛奶碰撞的口感。

**咖啡
加油站**

黑咖啡特指不加奶、不加糖的纯咖啡，白咖啡特指加奶的咖啡，比如拿铁和卡布奇诺都属于白咖啡。最开始，客人点了一杯"White Coffee"，咖啡馆制作出一杯浓厚奶泡的卡布奇诺，被客人嫌弃奶泡太多，于是咖啡馆制作出一杯拿铁，又被客人嫌弃牛奶太多，缺乏咖啡的味道。在咖啡馆与客人不断磨合咖啡和牛奶的比例后，诞生了一款奶泡比卡布奇诺少，牛奶比拿铁少，意式浓缩咖啡比它们俩都多的一款咖啡，并且起名叫澳白。或许澳白只是一次牛奶、奶泡与意式浓缩咖啡比例的调试，却造就了如今咖啡爱好者喜爱的经典咖啡。

甜蜜的选择

"叮"地一声，门打开了。伴着银铃般的笑声，一对闺蜜走了进来，用女孩子独有的清朗嗓音问道："有什么甜的咖啡可以推荐吗？""你们可以来杯摩卡咖啡，再来杯焦糖玛奇朵咖啡。"我话音未落，她俩一致说："好呀！好呀！"

摩卡咖啡和焦糖玛奇朵咖啡是两款甜蜜的咖啡。每个咖啡馆都会遇到过这样的客人，只喜欢喝甜的咖啡，不喜欢喝带有苦味的。这时候摩卡咖啡或焦糖玛奇朵咖啡是不错的选择。

焦糖玛奇朵和摩卡咖啡

　　当香醇的意式浓缩咖啡加入丝滑的牛奶和奶泡，再淋上巧克力酱或焦糖酱，撒上可可粉和糖粉，再挤上奶油或者加些冰块，就变成了一杯"液体甜品"。

　　那么摩卡咖啡和焦糖玛奇朵咖啡该如何选择呢？

　　摩卡咖啡（Mocha Cafe）的主口感基调是牛奶咖啡和巧克力。摩卡咖啡现在泛指带有巧克力的花式咖啡。其实摩卡咖啡豆是一种历史悠久的咖啡豆种。15 世纪，也门摩卡港（也被音译为穆哈港）是当时红海附近主要的输出商港，会把咖啡豆集中到摩卡港向外输出，成为首批远销到欧洲市场的咖啡豆品种之一。16 世纪到 17 世纪，当摩卡咖啡豆成为风靡整个欧洲的咖啡舶来品后，它因均衡浓郁又带有巧克力味的口感被誉为"最好的咖啡品种"。

随着时代的变迁，摩卡港口的要塞地位早就被新建设的港口替代了，但是摩卡港时期的咖啡产地依然保留了下来，特指也门地区所产的咖啡豆，仍被称为摩卡咖啡豆。

以前的摩卡咖啡与现在的摩卡咖啡完全不一样，现在的摩卡咖啡是人们研发出的带有浓郁巧克力味的花式咖啡。

具体制作方法无定式，可参考如下方式。

摩卡和焦糖
玛奇朵制作

第一步，准备好咖啡杯，倒入巧克力酱或糖浆搅匀。

第二步，萃取一份或两份 Espresso 倒入咖啡杯。

第三步，倒入全脂纯牛奶和奶泡。

第四步，在顶部加入所需装饰，比较常见的是可可粉，也可以按照自己的想法撒上少许其他装饰食物，比如坚果碎、奶油、椰子、薄荷、水果等。

假如不喜欢巧克力的浓郁和厚重，可以选择另一种口感较轻柔的花式咖啡——焦糖玛奇朵，它的主基调是牛奶咖啡和焦糖。

焦糖玛琪朵的英文名为 Caramel Macchiato。玛奇朵是意大

利文，有"印记、烙印"之意。焦糖玛奇朵咖啡发源于意大利，最初的做法是将香草糖酱与牛奶混合后加入绵密的奶泡，再倒入意式浓缩咖啡，淋上网格状焦糖。这种咖啡可以同时喝到三种口感，轻柔的奶泡，甜而不腻的焦糖，浓郁的咖啡。

具体制作方法无定式，可参考如下方式。

第一步，萃取一份或两份Espresso 倒入咖啡杯。

第二步，倒入全脂纯牛奶和奶泡。

第三步，在顶部淋上焦糖酱。

和摩卡咖啡一样，焦糖玛奇朵咖啡也可以根据不同的想法，制作成冰饮，或添加特别的食材。

萃取精华

1. 摩卡咖啡和焦糖玛奇朵咖啡都属于意式咖啡，配方中都有牛奶和 Espresso，制作方式也类似。

2. 摩卡咖啡和焦糖玛奇朵咖啡的不同是摩卡咖啡添加的主要配料是巧克力酱和可可粉，而焦糖玛奇朵咖啡添加的主要配料是焦糖酱。

咖啡加油站

喝一杯摩卡咖啡的注意事项：喝前搅拌均匀，这样才能将巧克力酱、咖啡和牛奶的味道充分融合。

喝一杯焦糖玛奇朵咖啡的注意事项是相反的，建议不要搅拌，先品尝焦糖的甜蜜和奶泡的轻柔，再一口一口地体会牛奶和咖啡的口感。

手冲也是黑咖啡

"叮"地一声,门打开了。"最近咖啡馆还能正常营业吗?"一位客人走进来关切地问道。"暂时可以正常营业,平时需要加强咖啡馆的消毒和客人的登记工作,感谢您的关心。"我回答道。"那我囤几包不同产区的咖啡豆回家自己做手冲咖啡吧,以备不时之需。"短暂的交谈令人感慨良多。

不管什么原因,现在越来越多的人喜欢自己买咖啡豆或咖啡设备回家,冲泡一杯"私人咖啡"。

从制作过程可以简单地将咖啡区分为意式咖啡和非意式咖啡。意式咖啡是以Espresso为基底的咖啡饮品,美式咖啡、拿铁咖啡、摩卡咖啡、焦糖玛奇朵咖啡等耳熟能详的咖啡饮品都包含在内。非意式咖啡是目前比较流行的手冲咖啡、冷萃咖啡等。

在意式咖啡体系里或者在国内的咖啡馆里，销售冠军的候选者一定有美式咖啡。常见的制作方法是在准备好的咖啡杯中倒入热水，再将一至两份 Espresso 直接萃取至热水中稀释，在浓缩咖啡里加入热水就是热美式咖啡，加入冰水就是冰美式咖啡。

美式咖啡特指普通的黑咖啡。如果没有半自动意式咖啡机，可以直接使用滴滤式咖啡壶或者虹吸式咖啡壶来制作。口感浓淡程度可以随意调节。

美式咖啡的起源有个非常有意思的故事。据传，二战期间，在欧洲驻扎的美国士兵根本无法适应意式浓缩咖啡的浓郁味道，于是添加热水来稀释，意大利人把这种冲淡的黑咖啡命名为"美国风味"（American-style），现在直接简化为"美式咖啡"（Americano）。

美式咖啡作为意式咖啡的一种，通常会将几种不同产区的深焙咖啡豆拼配在一起制作。美式咖啡里只有浓缩咖啡和水，几乎没有什么热量，非常适合需要控制热量和减肥瘦身的朋友。

除了美式咖啡这种简单易操作的黑咖啡，现在国内市场上流行的手冲咖啡也是一个不错的黑咖啡选择。手冲咖啡和美式

手冲咖啡和美式咖啡

咖啡不同，手冲咖啡更适合用高质量的浅中焙单品咖啡豆制作，以展现不同产区的咖啡特色。

手冲咖啡的制作过程更有仪式感，需要准备手冲壶、滤杯、滤纸、分享壶、电子秤、磨豆机以及温度计。冲泡好手冲咖啡是一项入门很简单但是需要不断学习和感悟的技术。

一颗咖啡豆的最大萃取率约30%，剩

下的 70% 几乎都是木质纤维，是无法被萃取出来的。可以简单
地理解为：即使将一颗咖啡豆泡 100 年，从外表上看，它仍然
是一颗完整的咖啡豆。想要冲泡好一杯高质量的手冲咖啡，需
要关注的不仅是萃取率，过度萃取和萃取不足，味道都不太好，
即便萃取得当，也要关注浓度是不是合适，也就是水与咖啡液
的比例是不是恰当，这就是常说的粉水比。此外，需要注意的是，
手冲时咖啡豆研磨的粗细度、水温的高低以及整个手冲的萃取
时间都是需要反复尝试和记录的。

　　当你决定制作手冲咖啡时，在准备好设备的同时，需要观
察咖啡豆，提前制订专属的冲泡方案。

　　可以按照下面的方式来准备。

咖啡粉：15 克。

粉水比：1:17。

研磨度：中度研磨（类似砂糖一样的颗粒感）。

水温：91℃。

闷蒸时间：15 秒。

整体冲泡时间：1 分 30 秒。

　　根据上面的冲泡方案制作手冲咖啡，再根据口感调整方案

细节，每一步冲泡都会对咖啡的味道造成直接影响。

还是以上面的冲泡方案为例。

咖啡粉：15 克（增加或减少咖啡粉会改变浓度和萃取率）。

水粉比：1:17（增加或减少水粉比会改变浓度）。

研磨度：中度研磨（调整咖啡粉的粗细度会直接影响咖啡萃取率）。

水温：91℃（调整水温会直接影响咖啡的萃取率）。

闷蒸时间：15秒（调整闷蒸时间会直接改变咖啡的萃取率）。

整体冲泡时间：1 分 30 秒（改变冲泡时间会直接影响咖啡的萃取率）。

具体影响会根据咖啡豆的产区、烘焙程度、新鲜程度不同而有所不同。

手冲咖啡的具体冲泡流程如下。

第一步，折叠滤纸，放入时尽量与滤杯贴合度高一些。

第二步，用热水打湿滤纸，在消除异味的同时能更好地增加贴合度。

第三步，将咖啡豆研磨成咖啡粉。

第四步，将咖啡粉倒入滤杯，铺平整。

第五步，将滤杯放在分享壶上，再将它们放到手冲称上，将重量清零。

第六步，准备好指定温度的手冲壶，用小水流从滤杯中心向外保持螺旋画圈状注入水（每一圈的冲泡轨迹尽量不要重合），开始闷蒸计时。通常闷蒸步骤的水流总量是咖啡粉的 2~3 倍。

第七步，闷蒸结束后，开始正式注水，依然需要控制水流，可以比闷蒸时的水流大一些，注水的方式既可以是中心螺旋画圈，也可以直接从中心点注水直到达到既定的冲泡时间或水粉比。请注意，注水时不要停留在咖啡粉外沿，需要避免咖啡粉与滤杯之间的缝隙过大，造成无效萃取。（以上冲泡流程同样需要在每一次具体冲泡过程中调整水流和细节。）

手冲咖啡制作

制作手冲咖啡时是否一定要把浓度和萃取率控制在金杯萃取范围内呢？其实不然，每个人喜欢的咖啡浓度和萃取率不同，虽然专家提出了金杯萃取理论，但我们在不断地萃取和实践过程中可以调整自己的萃取标准，而不是盲目地遵循金杯萃取区间。咖啡就是一种食材和饮品，在制作的过程中没有绝对的对与错。

手冲咖啡的发源地是德国，是一位名叫本茨·梅丽塔的全职妈妈发明了世界上第一个滤杯。爱喝咖啡的她将小锅的底部打穿一个洞，把儿子写作业时用到的一种薄薄的纸叠成贴合锅的形状，然后将研磨好的咖啡粉倒进去冲泡，完美地将咖啡渣留在了锅里，而咖啡液从纸里渗出，通过锅下面的洞流下来。这位妈妈通过自己的智慧喝到一杯没有咖啡渣的咖啡。她于1908 年在皇家专利局注册了自己的发明：一个拱形底部穿有出水孔的铜质咖啡滤杯。这就是世界上第一个滤杯。

萃取精华

1. 手冲咖啡不属于意式咖啡，也不需要半自动咖啡机萃取。

2. 手冲咖啡的制作过程看似简单，但想要萃取得当就需要了解相关咖啡知识。

3. 制作手冲咖啡的咖啡豆不建议选择深度烘焙的。

4. 制作手冲咖啡的咖啡豆建议选择单品咖啡豆。

咖啡加油站

什么是金杯萃取？

美国国家咖啡协会（NCA）聘请麻省理工化学博士洛克哈特研究咖啡，得出的结论是，金杯萃取理论的核心为在萃取手冲咖啡时将"浓度"控制在 1.15%~1.45%，"萃取率"达到 18%~22% 是最佳的理想萃取范围，是更能令大众接受的萃取范围。

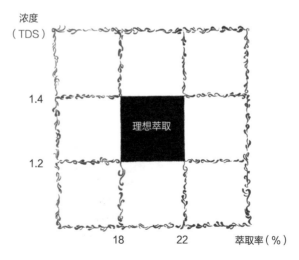

10 小时后的冷萃咖啡

"叮"地一声，门打开了，一位常来咖啡馆喝美式咖啡的大哥好奇地问道："这个瓶子里装的也是咖啡吗？""是冷萃咖啡，"我回答道。大哥一问价格惊呼起来："这么贵！比我每天喝的美式贵啊，来一瓶尝尝吧。"后来大哥走的时候一直夸赞这瓶冷萃咖啡是他喝过的最好喝的咖啡。

当走进咖啡馆，看到冷藏柜里整齐地摆放着一瓶瓶晶莹剔透的琥珀色液体时就能知道这是冷萃咖啡了。或许每家咖啡馆里的冷萃咖啡的包装不相同，但基本都会用漂亮的玻璃瓶子密封好，并且在瓶子的外包装上清晰地标注好咖啡豆的品种以及具体味道。

比如，一款用埃塞俄比亚的西达摩咖啡

豆制作成的冷萃咖啡会在包装上标注如下：咖啡豆品类：埃塞俄比亚西达摩 G1；味道描述：花香、柠檬、柑橘、茉莉花茶、奶油。那么这杯冷萃咖啡里是否真的添加了这些食材呢？答案是没有。冷萃咖啡又叫冷泡咖啡，是特别纯粹的黑咖啡，和意式浓缩咖啡、美式咖啡、手冲咖啡一样属于健康的黑咖啡。

之所以会对味道进行如此详尽的描述，主要是因为冷萃咖啡采用不同地区的单品咖啡豆制作而成，这样可以明确地传达特定地区的咖啡豆的特性。那么近几年冷萃咖啡为什么会比其他黑咖啡价格昂贵呢？又为什么在近几年走红全球，成为黑咖啡里的新晋网红呢？

据说冷萃咖啡是荷兰人在17世纪发明的，那时航海途中的船员不方便用热水冲泡咖啡，为了能够喝上咖啡，改用冷水浸泡咖啡粉，却意外地发现味道不但不差反而很好。

但也有人说，冷萃咖啡的发源故事只是为了进行市场推广而虚构的。19世纪中期，冷萃咖啡在全世界传播。当时，托德·辛普森（Todd Simpson）在秘鲁旅行，偶然品尝到了当地的冷萃咖啡，从此便念念不忘，于是设计了著名的托迪冷饮系统（Toddy Cold Brewing System）。星巴克正是用这种系统将冷萃咖啡推向了全世界。

其实制作冷萃咖啡的方法并不神秘，用5℃以下的冷水浸泡咖啡粉，时间12小时以上即可，在家甚至出差在外都能做出来。

具体制作方法如下。

第一步，将咖啡粉与水和冰以1∶4∶8的比例混合，放入冰块和咖啡粉，最后倒入纯净水。

第二步，倒入可密封的杯子或瓶子里。

第三步，放入冰箱，在0~5℃的气温下冷藏至少12小时后取出。

第四步，将杯子里的咖啡液过滤出来，保留咖啡液，丢掉咖啡渣。建议不要加奶和糖。

冷萃咖啡制作

虽然制作冷萃咖啡的方法简单，但是在时间的沉淀下，经过低温萃取的咖啡口感很柔顺。通常，咖啡在萃取时必然要经历高温，这就使得咖啡中的单宁酸分解成焦梧酸，从而出现苦涩感与酸感。然而冷萃咖啡因低温萃取的关系，降低了约67%的单宁酸分解的概率。而且在低温下，水与咖啡粉长时间接触，使得只有偏小分子的香气和口感被分解出来，如花果香和细腻的层次感这种柔和的口感被萃取出来，而偏大分子的口感如烟熏、焙烤味不容易被萃取出来，这样冷萃咖啡能够更好地体现咖啡豆本身的风味，喝起来更滑顺、更有层次感且回甘明显。

那么为什么冷萃咖啡的售价比冰美式贵呢？虽然冷萃咖啡的制作方法简单，但选用的咖啡豆比较优质，通常是单品浅中焙咖啡豆，加上至少需要10小时等待，时间成本较高。而冰美式是萃取了热咖啡后加冰做成的，制作时间短，并且使用的咖啡豆大多是性价比高的拼配深焙咖啡豆。冷萃咖啡比美式咖啡制作时间长，用的原材料也比较考究，风味比美式咖啡更胜一筹，因此售价更高一些。冷萃咖啡可以保存更长时间，低温情况下14天没问题，在咖啡不断发酵的过程中甚至能喝到酒香。风味迷人的冷萃咖啡绝对是黑咖啡爱好者在夏天的高质量选择。

萃取精华

1. 冷萃咖啡不属于意式咖啡，不需要用半自动咖啡机制作。
2. 制作冷萃咖啡时建议选择单品咖啡豆，这样可以品尝到来自不同产区的咖啡口感。
3. 冷萃咖啡的制作过程非常简单，成功的关键点在于咖啡豆品质的好坏以及咖啡与水的配比。

咖啡加油站

冰滴咖啡与冷萃咖啡有什么不一样？

冰滴咖啡又名荷兰式咖啡或者京都式咖啡，属于冷萃咖啡的一种，是一滴一滴地萃取出来的。相较于直接把水跟咖啡粉放在一起的冷萃咖啡，制作冰滴咖啡时可以控制水流下来的速度，萃取过程比冷萃咖啡更缓慢、更有层次感，因此冰滴咖啡的口感比冷萃咖啡更细腻。

第五章
开一间梦想中的咖啡馆

也许人人都有一个**开一间小小咖啡馆**的梦想，当你想把这个**梦想照进现实**的时候，会经历哪些?**又需要做哪些准备**工作? 本章主要阐述开一间咖啡馆的前期准备。

Hi，要开一间小小咖啡馆吗

通常，一间开了多年的小咖啡馆里会写满时光的故事，会承载很多欢笑、努力、坚持，还有很多烦心事。

2019 年 7 月 21 日的傍晚，店里生意不错，客人们三三两两地坐在店内喝咖啡。我们在没有接到任何通知的情况下，突然停电了，咖啡馆里一阵混乱，最后不得以让客人离开了。

那天晚上，我给咖啡师团队发了一则短信：

1. 记录每一杯咖啡的技术参数，出品的每一杯咖啡的水准要统一。

2. 认真对待每一位客人的需求，尽可能注意环境中的每个细节。

3. 真诚地与客人沟通，传播咖啡知识，尽力让每位客人感到身心舒适。

我们如此认真地对待咖啡馆，没想到却败给了停电。

在开咖啡馆的过程中会遇到比这种情况更糟的处境，但既然选择了坚持，就必须面对它们。

相信不少人在走进咖啡馆后，尤其精品咖啡馆，会被咖啡馆中舒适的环境和浪漫的情调所吸引，也想拥有一家属于自己的咖啡馆。但去掉这些滤镜，待真正看清楚开咖啡馆的真相后，你是否还会肯定地说，我想开一家小小咖啡馆。

实际上，咖啡馆属于餐饮业 + 服务业。回想一下大家在饭店的消费水平：去一次拉面馆吃碗面是人均 20 元，再点 5 支羊

肉串是 10 元，再来一盘小凉菜是 10 元，总计 40 元左右，最多一小时吃完就走人了。以上这个消费水平与在咖啡馆是一样的，甚至咖啡馆的人均消费还没有这么高。但咖啡馆的成本却高很多，因为咖啡馆必须环境优美，硬装有风格，软装要精致，杯子、碟子、勺子等都要有一定风格。

就算咖啡馆有这些配套也不够，很多客人仍然认为来咖啡馆消费不值得，太贵了！

其实，如果只谈咖啡豆的成本，除了超高品质的咖啡豆成本高一些，一杯普通咖啡的成本不会超过 10 元。

那为什么一杯咖啡的售价是 20~40 元呢？减去咖啡豆本身的成本，还有很多成本是关于咖啡师、房租、装修装饰和设备的。假设一杯咖啡售价 30 元，一个月房租是 3 万元，一天至少需要出售 33.33 杯才勉强与房租持平。请注意，这还没有减去咖啡豆的成本，也没有计算咖啡师的工资和装修、设备、水电、广告宣传等成本。

看到这里，你还想开咖啡馆吗？

如果答案是否定的，那么可以单纯作为一名咖啡爱好者来读一读这些内容，权当了解一下。

如果答案是肯定的，恭喜你，快带着这份坚持和匠心加入咖啡人的队伍吧，开启属于你的毕生难忘的咖啡店时光！

开间小小咖啡馆的战略准备

现在售卖咖啡的场所比较多样化，比如常见的西餐厅、蛋糕烘焙店、便利店，甚至服装店，这里说的前期准备特指开一间小型独立专业咖啡馆的准备，出售咖啡的场所或连锁商业咖啡馆并不适用。

当你萌生了想要开一间独立咖啡馆的想法时，先与自己真诚地对个话：第一，是否想作为一名长期主义者去经营？第二，是否有出品优质咖啡的经验和能力？

如果答案是肯定的，先提前恭喜你即将成为一名光荣的独立咖啡馆店主。你可以坚定信心，继续做下一步准备：开店的投资金额要规划好，也就是说，到底可以拿出多少钱投资这家店。

举个例子。

A 开咖啡馆的最多投资额是 30 万，理想投资额是 25 万。B 开咖啡馆的最多投资额是 100 万，理想投资额是 80 万。

　　先不要纠结可以拿出来的投资额是否够用，应该先将开一间咖啡馆前期投入的金额进行拆分。

　　1. 租赁自己心仪的商铺，签订合约，支付房租租金。

　　2. 装修商铺，产生装修费用。

　　3. 布置桌椅板凳及店内装饰，产生软装费用。

　　4. 提前订购咖啡机设备和电器，产生设备费用。

　　5. 咖啡师或服务员等人员的工资费用。

　　6. 留一定的流动资金用于处理突发事件。

结合 A 和 B 的投资额进行分配。

以 A 为例：理想投资额是 25 万，30% 用来付一年房租，花费 75 000 元；40% 用来装修和软装，花费 100 000 元；30% 用来添置设备，同样花费 75 000 元。将必须投资的金额算入理想投资的范畴内，也可以根据自己设定的比例来调整。

不同地区和城市的消费水平不同。假如你所在的城市可以用更低的租金租到地段更好的商铺，房租费用的比例就可以降低，从而节省一部分费用在其他重要开支上。再比如所在地区的装修成本和人工成本较高，就要反复核算确保完成进度，在必要的时候根据具体情况重新分配金额。

即使想要开一间独立咖啡馆的投资额有限，也可以经过市场调研，细化房租、装修、设备等所需花费的金额，用细化的

数据佐证投资额是否合适，再决定是需要追加金额，还是用现有金额可以很好地完成开店前的所有准备。

除了房租，装修装饰这几项花费弹性较高，而咖啡机设备的费用也有可调控的空间。以 B 为例：B 的投资额比 A 多很多，那么在设备上可以选择高端的商用专业设备，而 A 的投资额决定了他只能选择较平价的商用专业设备，哪怕只有两三万也能购买到合适的咖啡机。

必须经过反复的市场调研和核算来匹配自己的需求，确认后算入理想投资的金额内，然后将最多投资额和理想投资额的差额部分作为流动资金备用，从启动开店计划时，就应该将所有项目花费算入理想投资额内，万一超出预算，还可以用流动资金填补空缺，进行二次成本控制。

员工的工资投入成本可依据情况确定。比如，A 的最多投资额相对较低，那么可租赁的商铺面积相对小一些，所需的工作人员也比较少，如仍需进行成本控制，A 在经营初期可以不聘用咖啡师，自己身兼多职即可。

接下来着重分析租赁商铺以及装修的重点。

在计划开店后，重中之重就是必须拥有一间合适的商铺。先在当地多调研，选几个符合经营咖啡馆又在投资金额范围内的。需要进行两个方面的市场调研。

第一，附近的租金调研。可以多询问附近不同商铺的租金是否有差异？租赁一定时间后房租递增度是多少？租赁年限最长可以签几年？如果只能签一两年显然是不太稳定的。商铺以前是否有过咖啡馆经营或其他行业经营的历史数据？是否能正常在政府部门备案并办理相关手续等。这些都是至关重要的。

第二，在进行租赁商铺的过程中，要反复明确自己的想法，想清楚开设的咖啡馆的内核是什么？也就是要想清楚未来要经营的咖啡馆到底服务哪些受众，是社区店服务小区人员，还是商圈店服务来逛街的客人，是开在景区里还是学校周围，是服务长期转化的老客户还是只来一次的过客。在不断思考的过程

中，继续在锁定的开店区域内进行市场调研，多观察周边的消费受众类型，甚至可以在附近的咖啡馆坐坐，以一周或一段时间为周期详细记录受众的消费情况。

同时，还需要在晚上或者空闲时间，策划自己喜欢的装修风格，用来表现咖啡馆的核心。在未确定租赁商铺之前，一定要先做市场调研以及明确装修风格。

根据自己想要的风格咨询一下装修公司，让他们出装修的具体方案，能够实现的核心部分尽量实现，保留自己想要的整体装修风格以及重要的功能区域风格，要果断舍弃无法实现的部分，反复估算每一个步骤的所需费用，在自己可承受的范围内将装修的金额确定下来。

请不要追问装修一间咖啡馆到底需要多少钱？装修花费的具体金额依据自身的需求及具体方案来确定。比如，有的人觉得简单干净就好，墙刷白、水泥地铺好即可，但有的人觉得一定要有氛围感，必须刷海藻泥、铺实木地板，这二者之间的价格相差很多。

等签订租赁商铺合同的时候，可以确定装修公司，这样会节省很多时间。就算中间环节有不顺利的地方也不要气馁和焦急，按部就班地进行就可以了。

一间你梦想中的咖啡馆即将从想象中搬到现实。

一间咖啡馆的吧台规划

　　咖啡师每天都需要在吧台里操作，制作一杯又一杯美味的咖啡，因此吧台是一间咖啡馆的"心脏"，在确定了选址、装修、软装这些问题后，就需要进一步思考如何设计吧台了。必须在开店初期就反复思考并不断细化。如果前期没有对吧台进行合理的规划，后期在经营咖啡馆的过程中会遇到一定阻碍，影响经营效率。

　　可以根据咖啡馆的受众类型以及预先制订的菜单品类来提前购置吧台设备。

　　C 的咖啡馆是社区店，计划只销售咖啡、饮品和蛋糕。D 的咖啡馆是商圈店，计划只销售咖啡和简单餐品。那么 C 需要购买的设备包括商用半自动咖啡机、磨豆机、制冰机、开水器、烤箱、展示柜、冰柜等，为了制作饮品还需要购置沙冰机、气泡水机等设备。而 D 需要购买的设备除以上所有，还需要购置

能够制作松饼或意大利面等简单餐品的松饼机及炉灶等设备。

主要设备清单根据需求确定好后，再结合改水改电方案和摆放位置细化吧台的设计。

这里有几个注意事项需要特别关注。

1. 是否需要预留水路系统。

通常，咖啡馆里的半自动咖啡机、开水器、净水系统以及清洗池都需要提前预留好水路系统，因此在设计吧台时要根据需求再详细核对一遍都有哪些设备需要预留水路系统，还要按照当地相关规定，预留出合理的冲洗水池和消毒区域，在改造水路系统之前确定好哪些设备需要留上水系统，哪些设备需要留下水系统，与水电工师傅沟通好，画好施工图再施工。

2. 确认设备的总电功率。

通常，半自动咖啡机、松饼机和电磁炉等设备的功率较大，商用半自动咖啡机需要预留单独的4平方线路才可以安全运行，因此要反复确认好所有设备的用电功率最大值。

3. 吧台的摆放位置及空间预留。

吧台里的设备要根据操作流程的便捷性来摆放。除了放置开店之初必备的设备，还要为以后可能会出现的设备预留一定空间。比如，初期经营咖啡馆时可能没有手冲咖啡品类，但后期很有可能会增加，因此可以在吧台里预留电路和水路，便于后期使用。

需要提醒的是，在经营咖啡馆时，物料储存也是非常重要的一项工作。有序整洁的物料储存可以提高咖啡馆的经营效率，而且可为吧台出品优质品类提供有力的补给，因此在设计吧台的同时不要忽略了仓储空间的设计。

当反复调研、复盘、设计完毕，你已经成功地迈出了经营咖啡馆的第一步。

另外，需要注意的是，应按照当地政府的相关要求，核查店内的消防标准是否达标，正确办理营业执照和相关食品或餐饮许可证，再按照当地城管部门的要求进行备案及制作、安装店面招牌，待装修和相关证件都顺利完成，就可以选个日子开始试营业了。

你以为卖的只是一杯咖啡吗

前几日，有位客人略显疲惫地坐在吧台前的桌子旁喝着美式咖啡。我和咖啡师们各忙各的，像往常一样。突然这位客人说："这杯美式咖啡怎么这么好喝啊！"我露出笑容，调皮地回答他："你以为我们卖的只是一杯咖啡吗？我们卖给你的是一段能够放松的好时光。"

我能感受到这位客人忙碌一天之后的疲惫，他只是想在这里享受片刻宁静，享受一份独处的时光，享受这段能够回归自我的时间。所以，他的味蕾才能在放松状态下品尝到那杯咖啡的美味。

他继续问我："我们认识几年了？"我伸出一只手比划，差不多五年了。我俩默契地相互回应："时间过得好快啊。"

这位客人也许被生活、被工作所累，也许因各种事情无法很好地解决而感到疲惫，不管怎么样，他都可以在这间咖啡馆里得到片刻放松，也许这就是精品咖啡馆存在的意义。

一杯不管饱且可有可无的咖啡，一杯小众的精品咖啡，之所以能够存在，也许就如村上春树所说：一个城市没有愿意开咖啡馆的人，那这个城市无论多有钱，都只是一个内心空虚的城市。

金钱和物质固然重要，但拥有一个丰盈的精神世界也不可或缺，这可能就是每个咖啡店主开一间小小咖啡馆的意义。希望开咖啡馆的你能够本着做好每一杯咖啡的初心，始于兴趣，源于坚持。

小小的一家店，没有太大的竞争力，也没有太多的财力做后盾。唯有一颗努力坚持的初心。在开咖啡馆的过程中会有各种琐碎的事情，会有各种各样的突发事件，一定要做好心理准备，一个咖啡馆如同一个家，需要悉心维护。

希望你也能开一间梦想中的小小咖啡馆！

后 记
有关这本书的只言片语

有关心里的光

有一天，我在咖啡馆烘豆，目光聚焦在烘焙炉里一圈又一圈转动的小小咖啡豆。闭上眼，嗅着香气的变化，从微微的腥气，到激烈的酸味，再散发出芳香的清甜。时间仿佛变慢了，让我感到很踏实。

烘豆完毕，我走到门外透气，竟毫无察觉天上已下起了小雨，傍晚的天空被渲染上水墨画般的温柔。微风吹过来，我衣服纤维里渗透的咖啡香散发出来，混合着空气中被雨水浸湿的小草清香，心里的幸福感油然而生。

我相信每个人都会遇到某个时刻，身体里仿佛被某种力量包裹着，由此充满了力量和光芒。

有关咖啡师的孤独

林语堂先生曾将"孤独"两个字进行拆解，细看，有孩童、瓜果、小犬、蚊蝇，这可能就出现在一个盛夏傍晚人情味十足的巷子口，可这热闹，与你无关，便是孤独。咖啡馆大多时候和拆解了的"孤独"很像，而咖啡师的工作很好地体现了：可这热闹，与你无关。

犹如"摆渡船"的咖啡馆，迎来送往。

这是一份需要"定力"的职业，既要经受得住热闹纷扰，也要耐得住寂寞孤独。

貌似热闹非凡的客流高峰期过后，咖啡师结束了和人打交道的工作，剩下的便是与"物"的沟通。他或许是在认真烘焙咖啡豆，观察每一分钟的升温数值。或许是在进行杯测，为了追求每杯咖啡味道的稳定性及统一性而不断尝试。又或者在洗杯子、擦玻璃、调节磨豆机、扫地，甚至修马桶。

咖啡师这份职业好像一只看守宝藏的龙，守着咖啡馆，甚至需要事无巨细地对一花一木一桌一椅负责，这些就是"龙"的宝藏。有时又觉得像是科学家，戴着眼镜执着地反复做实验，必须将一颗颗固体物质的咖啡豆萃取成一杯杯美味且口感稳定的咖啡。

拆解的"孤独"二字如同咖啡馆里的大多数"美好"场景。咖啡、香气、音乐、笑脸、安静、惬意……

客人们来来往往，日复一日，往咖啡馆里输送着各种故事，拆解的"孤独"二字的背后，如同吹开这些香气缭绕的故事，都看到了掩藏在后面的咖啡师日复一日枯燥的工作。

喝咖啡的你看得到咖啡师的孤独吗？

有关之间

之间，有很多种，你我之间，我和他之间，他和它之间，一切事物和人物之间，所有之间的情感都是独一无二的。

"之间咖啡"的名字便是希望用香醇的咖啡收集各种独一无二的温暖故事。就像这本书之所以能诞生，源于在之间咖啡结识的客人——大月。有一次，大月说她自己是个很长情的人，是个长期主义者。我说我也是。我俩一拍即合，决定写一本，一本温暖的带着"咖啡味"的小书，让更多朋友对咖啡这个简单又深邃的饮品多一些了解。

如果又多一位朋友，因为这本书，心里多滋生出哪怕0.0001的温暖，该有多好！

有关这本书

安静的时光容易令人陷入沉思，夜深之后，终于结束了一日的忙碌。

当素面朝天地放松下来，白日在咖啡馆劳作的片段便会闪现在眼前，如同手摇式老电影的放映片段不断出现。7年的咖啡馆经营，仿佛田间地头的辛勤耕作，日日夜夜从未间断。

作为一名普通又渺小的咖啡从业者，虽每日都在努力，但也深知咖啡知识的海洋广阔而深邃，无法完全参透领悟，但仍想通过此书将咖啡知识体系转化为简单的文字，传递给爱喝咖啡或者想要了解咖啡的你。

当你在享受某杯咖啡时，希望能碰巧遇到这本书，放松地窝在沙发里，随意翻阅。真希望你能被它吸引，被咖啡豆前世今生的文字，或是被书里的咖啡图片，又或是被有趣的片段场景描述吸引，那该是多美好的一件事！

有关写这本书的时间线和细碎感悟

2020 年 12 月——着手整理思路，很想写一本涵盖大部分咖啡基础知识的书，希望能将枯燥的咖啡知识转化成简单的文字。经过近四个月的统筹和思考，梳理了整本书的大纲，在此期间和出版社的编辑反复沟通。

2021 年 4 月——根据确定下来的内容框架开始写作，俗话说"万事开头难"，但没想到这么难。原以为自己有多年的咖啡制作和培训经验，平时经常写教案，动笔应该易如反掌，但发现与写书有很大不同。

难点一：作为有经验的咖啡师，已经习惯了用模式化的咖啡思维去制作和研究咖啡，但写书时这种思维方式反而是一种禁锢，需要不断清空自己，用更客观的角度去思考。

难点二：其实在专业的咖啡制作过程中，重要的环节都有精确的数据作为依据，不会有"差不多"这样的词汇存在。但这本书的定位是初学者，于是在进行咖啡制作示例和数据的写作时用了区间值。

2021年9月——文字部分的初稿完成，感谢编辑于军琴和李晟月在此期间的鼓励和帮助，我们三个经常半夜一两点还在推敲语句。

2021年10月——开始拍摄书中的所有配图，原本很喜欢摄影的我因为心急而找不到灵感，经常拿着相机发呆，感谢咖啡馆的老客人宗娟小姐姐，看出了我的焦虑，主动提出和我一起完成书里的插画，我们俩一起寻找灵感，让我重拾激情，开始拍照，并与她一起完成了插画的创作。为了更直观地体现咖啡制作流程，决定拍摄一些视频放在书里，在此要感谢咖啡馆的客人李学義和他同学热情的帮助。

2021年11月——今年的初雪来的比往年早，就在下雪的这一天，我突然失去了信心，虽然出版社的稿件加工流程已经接近尾声，但我感觉书中的各方面内容表现都不出色，想推翻重来。但与畅销咖啡书作者李强聊天时，他的一句话治愈了我。他说：写书是一件有关遗憾的艺术。

《一杯咖啡》即将要出版了，从2020年到2021年年底，回头看，它的确不完美，但它是带着真诚来个这个世界上的。

小小的种子种下了，遇风传播，遇雨发芽。在此需要感谢的人很多，尤其要感谢之间咖啡团队，感谢小伟老师长期以来在咖啡馆经营上和这本书上的配合，感谢 Amy 细心温柔地协助拍摄和校对视频，感谢我的同行好友和各位老师前辈的支持和鼓励。

希望这本书能带给你一些收获！

杜友倩 Dudu

2021.11